结构设计新手进阶丛书

图说钢结构疑难问题

中国钢结构协会钢结构设计分会　组织编写

娄　宇　主　　编

崔学宇　孙晓彦　张艳霞　副主编

石永久　吴耀华　王昌兴　主　　审

U0294649

中国建筑工业出版社

图书在版编目（CIP）数据

图说钢结构疑难问题 / 中国钢结构协会钢结构设计
分会组织编写；娄宇主编；崔学宇，孙晓彦，张艳霞副
主编 . —北京：中国建筑工业出版社，2022.7（2023.3 重印）
（结构设计新手进阶丛书）
ISBN 978-7-112-27488-8

Ⅰ . ①图…　Ⅱ . ①中… ②娄… ③崔… ④孙… ⑤张
…　Ⅲ . ①钢结构—图解　Ⅳ . ① TU391-64

中国版本图书馆 CIP 数据核字（2022）第 097425 号

"结构设计新手进阶丛书"以结构图示配合卡通形象解答的活泼形式，以精准的文字论述，直观解答各分类结构设计问题，全方位为年轻结构设计师的进阶提供系列帮助和指导。

本书为"结构设计新手进阶丛书"的第一册，全面系统地解析了 131 个典型技术问题。这些钢结构设计疑难问题均精选自中国钢结构协会钢结构设计分会线上交流平台，为一线设计工作常遇的代表性问题。结合现行钢结构相关标准、图集和手册等技术文献，全书以极简的问答形式，提供了图文并茂、精确形象、合理可行的解决方案。总计 7 章的布局，涉及基本设计规定、结构整体分析、基本构件设计、连接和节点、多高层钢结构、门式刚架和其他。

本书可供结构设计、施工、科研和工程管理人员阅读，也可供高等院校相关专业师生参考。

责任编辑：刘瑞霞
责任校对：张惠雯

结构设计新手进阶丛书
图说钢结构疑难问题
中国钢结构协会钢结构设计分会　组织编写
娄　宇　主　编
崔学宇　孙晓彦　张艳霞　副主编
石永久　吴耀华　王昌兴　主　审
*
中国建筑工业出版社出版、发行（北京海淀三里河路 9 号）
各地新华书店、建筑书店经销
北京雅盈中佳图文设计公司制版
北京中科印刷有限公司印刷
*
开本：787 毫米 ×1092 毫米　1/16　印张：11¹/₂　字数：178 千字
2022 年 8 月第一版　2023 年 3 月第二次印刷
定价：**68.00** 元（含增值服务）
ISBN 978-7-112-27488-8
　　（39014）

"结构设计新手进阶丛书"编委会

前　言

关于"进阶丛书"

常言道：一张白纸，更好绘最新最美的图画。

"结构设计新手进阶丛书"的编撰，起源于 2019 年 3 月与同仁们对分会工作的畅谈，脑洞的大开和思想的碰撞，激发了对分会工作的逻辑思考。一个非常明确的指向和意愿产生于对技术服务的贡献，就是要在结构设计及其衍生的技术难题上，最直接和有效地帮助到行业中的年轻人，如若未能点石为金，但必求为年轻设计师指点迷津。

在过往的设计项目实践中，年轻设计师反馈出诸多设计疑惑，涉及面广、同质性高，亟需解决答案以提升专业技能。如何帮助他们计日程功，面对技术难题抽薪止沸，使设计工作得心应手，正是"结构设计新手进阶丛书"的冀望，其应运而生，将为年轻结构设计师的稳步进阶提供系列、切实和针对性的有益帮助。

"结构设计新手进阶丛书"的内容定位和撰写方式来源于集思广益的多次探讨，从 2019 年 3 月 23 日提出动议，到 2022 年初，丛书第一册《图说钢结构疑难问题》完稿，经过了近三年无数次激情并深入的研讨，以及多次对《图说钢结构疑难问题》图文的具体讨论和修改完善，大家的精心与精诚、认真与尽力，促成了最初的构想，达成了对这套丛书的品质诉求和形态定位。丛书将秉承精选典型问题、提供实用答案的原则，以简驭繁，避免晦涩难懂。大家一致认为，在这个时间和注意力资源短缺、空前强调效率和阅读快感的时代，本丛书无需刻意摆出刻板无趣的架势，让年轻设计师敬而远之，在表达形态上也要做足功夫，希望与厚实的内容并重，让理性的文字与感性的视觉交汇。

因之，这套系列丛书，将以全新和独到的形式论述技术问题，以结构图示配合卡通形象解答的活泼形式，配以精准文字论述，直观生动、极简主义，直击要害，突出实用价值和引领作用。丛书各册将通过基本理论、通用准则、标准规范和具体方案，对结构设计典型问题进行解答，使设计新手掌握完整的解题方法论，助力其从茫然失措的状态，进阶为胸有成竹、笃定泰山的成熟。精华的篇章，特别的图文呈现，这套指点迷津的丛书，将逐步展卷，定物超所值。

关于本书

《图说钢结构疑难问题》是"结构设计新手进阶丛书"的第一册，为开篇之作！

钢结构的日渐兴起，与国家经济发展、行业导向、市场需求，特别是"双碳"战略目标息息相关，为钢结构的快速发展提供了时代机遇。一直以来，在钢结构设计分会线上交流平台"总工讲堂"的问答互动中，凸显初级设计师困惑的系列问题，是他们执业能力快速提升的主要瓶颈，本书即是将涉及钢结构设计的问答做精选、整理，汇集成册。

书中精选131个问题，均是设计一线的常见疑问，代表性和针对性强，分类为基本设计规定、结构整体分析、基本构件设计、连接和节点、多高层钢结构、门式刚架和其他，共7章。书中的答案解析，图文并茂、生动活泼，力求直接、精练、准确，便于理解和掌握。

这本精心编写的钢结构设计秘籍，希望成为初级设计者从入门到进阶的得力帮手。书中内容掇菁撷华，为广大结构设计从业者、高校师生，带来钢结构设计疑难问题的解决方案和实用指导，不失为工作的良师益友，也可作为教学的有益参考。

两年多的努力，本书付梓。在第一册《图说钢结构疑难问题》的编撰和出版过程中，各方人士慷慨帮助、全情付出。谨此，特别致谢副主编：崔学宇／中联筑境建筑设计有限公司、孙晓彦／中国建筑金属结构协会建筑钢结构分会、张艳霞／北京建筑大学；主审人：石永久／清华大学、吴耀华／中冶建筑研究总院、王昌兴／北京清华同衡规划设计研究院；参编人：郝勇／河北建筑工程学院，侯

爱波 / 中国电子工程设计院，舒涛、刘召军 / 北京清华同衡规划设计研究院，邹安宇 / 天津大学建筑设计规划研究总院。

　　还要非常感谢王立军大师、陈彬磊大师、石永久教授、王昌兴总工、吴耀华总工及杨琦总工等的出谋划策，以及对内容的精准指导；感谢张艳霞教授及博士研究生王杰对书中插图的设计绘制；感谢刘瑞霞、温凌燕、舒亚俐、邹安宇、刘博文等的积极参与和辛苦付出。中国建筑出版传媒有限公司对本书出版给予了大力支持和指导，在此一并表示衷心感谢。

　　本书内容丰富，技术深入浅出，值得学习借鉴。鉴于学识经验所限，缪误之处在所难免，恳请同行和读者不吝指正。

　　　　　　　　　　　　　　　　　　　　主编：娄宇
　　　　　　　　　　　　　　　　　　　　全国工程勘察设计大师
　　　　　　　　　　　　　　　　　　　　钢结构设计分会理事长
　　　　　　　　　　　　　　　　　　　　中国电子工程设计院有限公司董事长

　　　　　　　　　　　　　　　　　　　　2022 年 6 月　北京

目 录

第1章　基本设计规定

第2章 结构整体分析

第3章 基本构件设计

第4章　连接和节点

第5章　多高层钢结构

第6章 门式刚架

第7章　其他

第 1 章

基本设计规定

1.1 轻钢屋面的混凝土框排架结构设计要点是什么?

答：框排架结构分为侧向框排架结构和竖向框排架结构，侧向框排架结构是指由多层框架结构与排架侧向连接组成的框排架结构体系，竖向框排架结构是指由下部框架结构和上部顶层排架组成的框排架结构体系。框排架结构框架部分多为多层框架，其相关要求应按《混凝土结构设计规范》GB 50010—2010（2015 年版）中框架部分执行，檐口处要设置纵向混凝土梁，纵向须设置支撑，不用设柱间支撑。屋面钢梁设计可按《钢结构设计标准》GB 50017—2017 的相关要求执行，不用按门刚梁考虑。抗震要求应满足《建筑抗震设计规范》GB 50011—2010（2016 年版）的相关规定。

罕遇地震作用下，框排架结构中框架部分层间位移角限值取 1/50，排架部分取 1/30，根据《有色金属工业厂房结构设计规范》GB 51055—2014 第 3.4.2 条，多层钢筋混凝土结构厂房，按弹性方法验算在风荷载标准值和抗震设计时多遇地震作用下的最大弹性层间位移角 $\Delta u_e/h$ 不宜大于表 1.1 的限值。

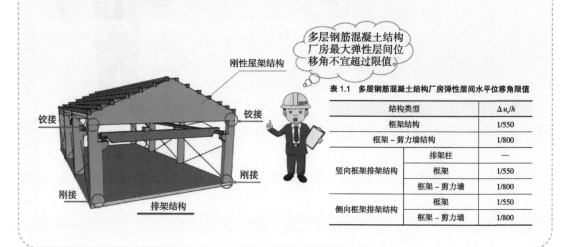

多层钢筋混凝土结构厂房最大弹性层间位移角不宜超过限值。

表 1.1　多层钢筋混凝土结构厂房弹性层间水平位移角限值

结构类型		$\Delta u_e/h$
框架结构		1/550
框架 - 剪力墙结构		1/800
竖向框排架结构	排架柱	—
	框架	1/550
	框架 - 剪力墙	1/800
侧向框排架结构	框架	1/550
	框架 - 剪力墙	1/800

参考　《建筑抗震设计规范》GB 50011—2010（2016 年版）第 5.5 节，《有色金属工业厂房结构设计规范》GB 51055—2014 第 3.4.2 条。

1.2　临时性建筑设计荷载如何取值？

答：临时性建筑一般按 5 年的设计使用年限考虑，活荷载取值可取 0.9 的调整系数，基本风压和基本雪压按 10 年重现期取值，通常不考虑抗震设计。但对于安全等级为一级的临时性建筑，荷载还是要按 50 年设计基准期考虑，防腐涂装可按 5 年设计使用年限考虑。另应注意要符合地方相关标准对临时性建筑的规定。临时性建筑一般是因生产、生活需要临时建造使用而搭建的简易结构，并在规定期限内必须拆除的建筑物、构筑物或其他设施。其外在形式有：临时的展厅、展台，售楼处，短期办公用房，及其他短期使用的工农业或民用房屋等。另外根据《城市规划法》"在城市规划区内进行临时性建设，必须在批准的使用期限内拆除"及有关规定，材料不采用现浇钢筋混凝土等永久性结构形式。

 参考　《建筑结构荷载规范》GB 50009—2012 第 3.2.5 条，《建筑工程抗震设防分类标准》GB 50223—2008 第 2.0.3 条。

1.3 下部钢框架、上部门式刚架结构应按什么标准设计？

答：下部钢框架一般包含混凝土楼层和使用活荷载，地震作用大，应按《钢结构设计标准》GB 50017—2017 设计，若上部门式刚架屋盖为轻屋面，且不上人，地震作用不起控制作用，可按《门式刚架轻型房屋钢结构技术规范》GB 51022—2015 设计。

钢框架是指沿纵横方向均由框架承重和抵抗水平作用的结构体系。框架的梁柱多采用刚接。一般可分为无支撑框架和有支撑框架两种形式，广泛适用于各类多高层工业和民用建筑中，俗称为"普钢结构"。

"轻钢结构"和"普钢结构"在设计中的差异主要体现在以下几个方面：

（1）设计对象和设计依据的规范不同，"轻钢结构"主要依据《门式刚架轻型房屋钢结构技术规范》GB 51022—2015 和《冷弯薄壁型钢结构技术规范》GB 50018—2002，"普钢结构"主要依据《钢结构设计标准》GB 50017—2017、《建筑抗震设计规范》GB 50011—2010（2016 年版）、《高层民用建筑钢结构技术规程》JGJ 99—2015。

（2）荷载的取值不同，特别是风荷载和屋面活荷载。

（3）计算分析的方法不同，特别是计算长度系数的确定和局部稳定的计算。

（4）计算结果的限值和构造要求不同，比如对变形和长细比的控制值等。

下部钢框架、上部门式刚架结构在进行三维建模时总信息中的结构类型选

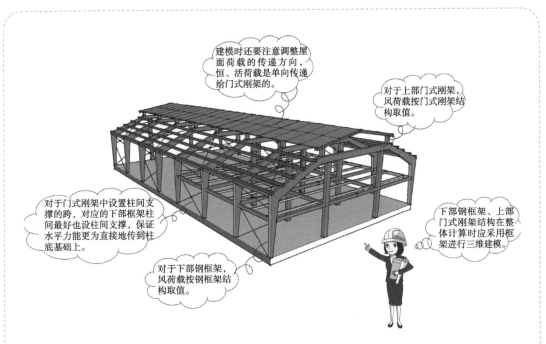

择"钢框架结构"，上层的门式刚架结构可以在特殊构件定义中指定为"门式钢梁"和"门式钢柱"，并按照需要设置柱脚为刚接或铰接（一般默认是刚接）。屋面纵向刚性系杆定义为两端铰接。风荷载计算时可以在"风荷载"中分别让软件自动生成，也可以手工修改风荷载的相关系数，特别是坡屋面的纵横向风荷载体型系数，根据坡屋面的形式和不同区域，系数取值也各不相同，且存在较大的风吸力，这和常规平屋面的框架结构是存在明显区别的。详细规定可以参见《门式刚架轻型房屋钢结构技术规范》GB 51022—2015 第 4.2 节。

在整体计算之前，注意核实抗风柱传给屋面系统的水平荷载是否正确。还要查看软件自动生成的门式刚架在平面内和平面外的计算长度是否正确。若存在问题，应进行手工修改。

 参考　《建筑抗震设计规范》GB 50011—2010（2016 年版）第 9.2 节。

1.4 发震断裂带内框架－支撑结构是否需要放大地震作用?

答：对于这种地质较复杂的工程，不能简单地放大地震作用来考虑。如果抗震设防烈度小于 8 度或非全新世活动断裂或抗震设防烈度为 8 度和 9 度时，隐伏断裂的土层覆盖厚度分别大于 60m 和 90m 则可忽略发震断裂错动对地面建筑的影响，否则应避开主断裂带，其避让距离不宜小于表 1.2 对发震断裂最小避让距离的规定。在避让距离的范围内确有需要建造分散的，低于三层的丙、丁类建筑时，应按提高一度采取抗震措施，并提高基础和上部结构的整体性，且不得跨越断层线。严格禁止在避让范围内建造甲、乙类建筑。

当需要在条状突出的山嘴、高耸孤立的山丘、非岩石和强风化岩石的陡坡、河岸和边坡边缘等不利地段建造丙类及丙类以上建筑时，除保证其在地震作用下的稳定性外，尚应估计不利地段对设计地震动参数可能产生的放大作用。

表 1.2 发震断裂的最小避让距离（单位：m）

烈度	建筑抗震设防类别			
	甲	乙	丙	丁
8	专门研究	200	100	—
9	专门研究	400	200	—

《建筑抗震设计规范》GB 50011—2010（2016 年版）第 4.1.7 条。

1.5 抗震设防烈度为 6 度地区的单层（非轻型门刚）和多层钢结构如何考虑抗震要求？

答：结构的截面抗震验算，应符合下列规定：

（1）抗震设防烈度为 6 度地区的建筑（不规则建筑及建造于Ⅳ类场地上较高的高层建筑除外），以及生土房屋和木结构房屋等，应符合有关的抗震措施要求，但应允许不进行截面抗震验算。

（2）抗震设防烈度为 6 度地区的不规则建筑、建造于Ⅳ类场地上较高的高层建筑，7 度和 7 度以上地区的建筑结构（生土房屋和木结构房屋等除外），应进行多遇地震作用下的截面抗震验算。（注：采用隔震设计的建筑结构，其抗震验算应符合有关规定。）

《建筑抗震设计规范》GB 50011—2010（2016 年版）第 8.1.3 条：钢结构房屋应根据设防分类、烈度和房屋高度采用不同的抗震等级，并应符合相应的计算和构造措施要求。丙类建筑的抗震等级应按表 1.3 确定。

表 1.3　钢结构房屋的抗震等级

房屋高度	烈度			
	6	7	8	9
≤ 50m		四	三	二
>50m	四	三	二	一

注：1. 高度接近或等于高度分界时，应允许结合房屋不规则程度和场地、地基条件确定抗震等级；
　　2. 一般情况，构件的抗震等级应与结构相同；当某个部位各构件的承载力均满足 2 倍地震作用组合下的内力要求时，7~9 度的构件抗震等级应允许按降低一度确定。

抗震设防烈度为 6 度及以上地区的建筑，必须进行抗震设计！

对 6 度区、高度不超过 50m 的钢结构，其"作用效应调整系数"和"抗震构造措施"可按非抗震设计执行。相应构造措施可按《建筑设计抗震规范》GB 50001—2010（2016 年版）第 8 章相关要求执行。

参考　《建筑抗震设计规范》GB 50011—2010（2016 年版）第 1.0.2 条、第 8.1.3 条及条文说明、第 5.1.6 条。

1.6 如何考虑风荷载对檩条的作用?

答:檩条应按屋面围护结构设计。对风荷载比较敏感的高层建筑和高耸结构,以及自重较轻的钢木主体结构,这类结构风荷载很重要,计算风荷载的各种因素和方法还不十分确定,因此基本风压应适当提高。如何提高基本风压值,仍可由各结构设计规范根据结构的自身特点作出规定,没有规定的可以考虑适当提高其重现期来确定基本风压。对于此类结构物中的围护结构,其重要性与主体结构相比要低些,可仍取50年重现期的基本风压。对于其他设计情况,其重现期也可由有关的设计规范另行规定,或由设计人员自行选用。

根据《门式刚架轻型房屋钢结构技术规范》GB 51022—2015 第 4.2.1 条,门式刚架轻型房屋钢结构计算时,风荷载作用面积应取垂直于风向的最大投影面积,垂直于建筑物表面的单位面积风荷载标准值应按下式计算:

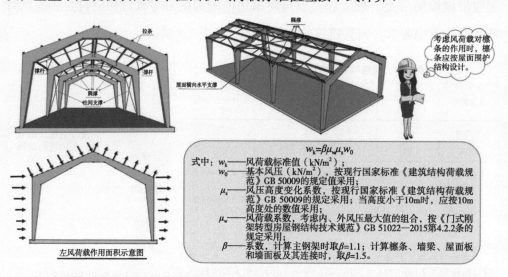

$$w_k = \beta \mu_w \mu_z w_0$$

式中:w_k——风荷载标准值(kN/m²);
w_0——基本风压(kN/m²),按现行国家标准《建筑结构荷载规范》GB 50009的规定值采用;
μ_z——风压高度变化系数,按现行国家标准《建筑结构荷载规范》GB 50009的规定采用;当高度小于10m时,应取10m高度处的数值采用;
μ_w——风荷载系数,考虑内、外风压最大值的组合,按《门式刚架转型房屋钢结构技术规范》GB 51022—2015第4.2.2条的规定采用;
β——系数,计算主刚架时取β=1.1;计算檩条、墙梁、屋面板和墙面板及其连接时,取β=1.5。

门式刚架轻型房屋钢结构属于对风荷载比较敏感的结构,因此,计算主钢架时,β 系数取 1.1 是对基本风压的适当提高。计算檩条、墙梁和屋面板及其连接时取 1.5,是考虑阵风作用的要求。通过 β 系数使本规范的风荷载和现行国家标准《建筑结构荷载规范》GB 50009—2012 的风荷载基本协调一致。

 参考 《门式刚架轻型房屋钢结构技术规范》GB 51022—2015 第 4.2.1 条。

1.7　高耸钢结构基础设计时是否考虑风振系数？

答：风荷载对基础的作用是通过上部结构传递给基础的，而不是直接作用在基础上，高耸结构考虑风振系数，基础也要考虑。

根据《建筑结构荷载规范》GB 50009—2012 第 8.4.1 条规定：对于高度大于 30m 且高宽比大于 1.5 的房屋，以及基本自振周期 T_1 大于 0.25s 的各种高耸结构，应考虑风压脉动对结构产生顺风向风振的影响。顺风向风振响应计算应按结构随机振动理论进行。对于符合本规范第 8.4.3 条规定的结构，可采用风振系数法计算其顺风向风荷载。

对于一般竖向悬臂型结构，例如高层建筑和构架、塔架、烟囱等高耸结构，均可仅考虑结构第一振型的影响，结构的顺风向风荷载可按规范式（8.1.1-1）计算。z 高度处的风振系数 β_z 可按规范式（8.4.3）计算：

风对基础的作用是通过上部结构传递给基础的，而不是直接作用在基础上，高耸结构考虑风振系数，基础也要考虑。

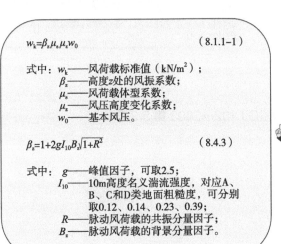

$$w_k = \beta_z \mu_s \mu_z w_0 \qquad (8.1.1\text{-}1)$$

式中：w_k——风荷载标准值（kN/m^2）；
β_z——高度 z 处的风振系数；
μ_s——风荷载体型系数；
μ_z——风压高度变化系数；
w_0——基本风压。

$$\beta_z = 1 + 2gI_{10}B_z\sqrt{1+R^2} \qquad (8.4.3)$$

式中：g——峰值因子，可取 2.5；
I_{10}——10m 高度名义湍流强度，对应 A、B、C 和 D 类地面粗糙度，可分别取 0.12、0.14、0.23、0.39；
R——脉动风荷载的共振分量因子；
B_z——脉动风荷载的背景分量因子。

 参考　《建筑结构荷载规范》GB 50009—2012 第 8.4.1、8.4.3 条。

1.8 钢雨篷计算风荷载时是否需要考虑阵风系数？

答：雨篷应按围护结构设计，需要考虑阵风系数，因为采用体型系数直接计算出的风压是平均风压，如果没有采用具有一定保证率的极值风压，作用在雨篷上的风压会偏小，因此要考虑阵风系数。

设计荷载确定原则：作用于垂直雨篷平面的荷载主要是风荷载、地震作用及雨篷结构自重，其中风荷载引起的效应最大。

$$w_k = \beta_{gz}\mu_{sl}\mu_z w_0$$

式中：w_k——风荷载标准值（kN/m²）；

β_{gz}——瞬时风压的阵风系数；

μ_{sl}——风荷载局部体型系数；

μ_z——风荷载高度变化系数，并与建筑的地区类别有关；按《建筑结构荷载规范》GB 50009—2012；

w_0——基本风压（kN/m²）。

在进行雨篷构件、连接件承载力计算时，必须考虑各种荷载和作用效应的分项系数，即采用其设计值；进行位移和挠度计算时，各分项系数均取1.0，即采用其标准值。

参考 《玻璃幕墙工程技术规范》JGJ 102—2003 第5.3节。

1.9　轻钢屋面如何考虑活荷载和雪荷载的不利布置?

答：对于刚架的计算，活荷载分布宜按屋面满布和半边（一坡）屋面满布两种状况分别计算。屋面均布活荷载不与雪荷载同时考虑，应取两者中的较大值。

门式刚架轻型房屋钢结构屋面水平投影面上的雪荷载标准值，应按下式计算：

$$s_k = \mu_r s_0$$

式中：s_k——雪荷载标准值（kN/m^2）；

　　　μ_r——屋面积雪分布系数；

　　　s_0——基本雪压（kN/m^2）。

基本雪压应按《建筑结构荷载规范》GB 50009—2012 规定的方法确定的 50 年重现期的雪压；对雪荷载敏感的结构，应采用 100 年重现期的雪压。

单跨单坡、单跨双坡、双跨双坡房屋的屋面积雪分布系数应按表 1.4 采用。

表 1.4　屋面积雪分布系数

项次	类别	屋面形式及积雪分布系数 μ_r							
1	单跨单坡屋面								
		θ	$\leqslant 25°$	$30°$	$35°$	$40°$	$45°$	$50°$	$55°$	$\geqslant 60°$
		μ_r	1.00	0.85	0.70	0.55	0.40	0.25	0.10	0
2	单跨双坡屋面	均匀分布的情况　　　　　　　　　　　μ_r 不均匀分布的情况　$0.75\mu_r$　　　$1.25\mu_r$ μ_r 按第 1 项规定采用								
3	双跨双坡屋面	均匀分布的情况　　　　　　　1.0 不均匀分布的情况 1　　　　1.4 μ_r　　　　μ_r 不均匀分布的情况 2　　　2.0 μ_r　　　　μ_r L　　　L μ_r 按第 1 项规定采用								

对于多跨双坡（3跨以上对称）门式刚架结构，可按双跨双坡屋面的规定采用。

《门式刚架轻型房屋钢结构技术规范》GB 51022—2015 第 4.3.5 条，设计时应按下列规定采用积雪的分布情况：

（1）屋面板和檩条按积雪不均匀分布的最不利情况采用；

（2）刚架斜梁按全跨积雪的均匀分布、不均匀分布和半跨积雪的均匀分布，按最不利情况采用；

（3）刚架柱可按全跨积雪的均匀分布情况采用。

 《钢结构设计手册》（第四版）第 10.3.2 节，《门式刚架轻型房屋钢结构技术规范》GB 51022—2015 第 4.3 节，《建筑结构荷载规范》GB 50009—2012 第 7.1.2 条。

1.10 门刚结构计算刚架和檩条时，是否均须采用 100 年重现期的雪压？

答：根据《门式刚架轻型房屋钢结构技术规范》GB 51022—2015 第 4.3.1 条条文说明中相关解释，门式刚架轻型房屋钢结构屋盖较轻，属于对雪荷载敏感的结构，雪荷载经常是控制荷载，极端雪荷载作用下容易造成结构整体破坏，后果特别严重，基本雪压应适当提高。因此，本条明确了设计门式刚架轻型房屋钢结构时应按 100 年重现期的雪压采用。门式刚架轻钢结构体系中对雪荷载最敏感的构件就是屋面檩条。由于檩条的受荷载面积较小，局部积雪很容易造成檩条超载，使檩条首先破坏。檩条破坏后挂在刚架梁上，对刚架梁形成斜向下的拉力，使抗扭刚度非常小的刚架梁发生弯扭失稳破坏，最终房倒屋塌。规范明确提出，提高基本雪压取值，可有效改善檩条的安全性能。对于 100 年重现期雪压值小于 $0.5kN/m^2$ 的地区，若不需考虑积雪非均匀分布工况，则规范关于基本雪压取值的规定对檩条的设计结果没有影响，这是因为檩条受荷载面积一般远小于 $60m^2$，檩条的活荷载标准值为 $0.5m^2$，大于基本雪压，为檩条设计的控制荷载。

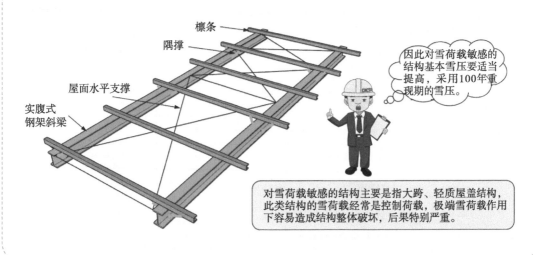

檩条

隅撑

屋面水平支撑

实腹式钢架斜梁

因此对雪荷载敏感的结构基本雪压要适当提高，采用100年重现期的雪压。

对雪荷载敏感的结构主要是指大跨、轻质屋盖结构，此类结构的雪荷载经常是控制荷载，极端雪荷载作用下容易造成结构整体破坏，后果特别严重。

 参考　《门式刚架轻型房屋钢结构技术规范》GB 51022—2015 第 4.3.1 条条文说明，《建筑结构荷载规范》GB 50009—2012 第 7.1.2 条。

1.11 什么情况下需要考虑钢结构的温度作用？

答：大跨度的空间钢结构或其他超长钢结构应该考虑温度作用的影响，一般要考虑构件均匀的升温和降温影响，也可以再进一步考虑构件不同表面温度梯度变化的影响。其节点连接建议多采用螺栓连接，以减少温度的影响。

根据《钢结构设计标准》GB 50017—2017 第 3.3.5 条相关规定，单层房屋和露天结构的温度区段长度不超过表 1.5 的数值时，一般情况下可不考虑温度应力和温度变形的影响。

表 1.5 温度区段长度值（m）

结构情况	纵向温度区段（垂直屋架或构架跨度方向）	横向温度区段（沿屋架或构架跨度方向）	
		柱顶为刚接	柱顶为铰接
采暖房屋和非采暖地区的房屋	220	120	150
热车间和采暖地区的非采暖房屋	180	100	125
露天结构	120	—	
围护构件为金属压型钢板的房屋	250	150	

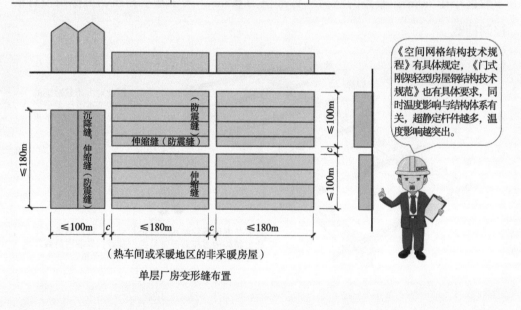

（热车间或采暖地区的非采暖房屋）

单层厂房变形缝布置

《空间网格结构技术规程》有具体规定，《门式刚架轻型房屋钢结构技术规范》也有具体要求，同时温度影响与结构体系有关，超静定杆件越多，温度影响越突出。

参考 《钢结构设计标准》GB 50017—2017 第 3.3.5 条。

1.12　吊车的工作级别是如何划分的?

答：根据《起重机设计规范》GB/T 3811—2008（2017 讨论稿）第 4.2.3 条：根据起重机的使用等级和荷重状态，起重机整机的工作级别划分为 A1~A8 共 8 个级别，见表 1.6。

表 1.6　起重机划分工作级别

荷重状态	荷重谱系数 K_P	使用等级									
		U_0	U_1	U_2	U_3	U_4	U_5	U_6	U_7	U_8	U_9
Q1	$0.000 < K_P < 0.125$	A1	A1	A1	A2	A3	A4	A5	A6	A7	A8
Q2	$0.125 < K_P < 0.250$	A1	A1	A2	A3	A4	A5	A6	A7	A8	A8
Q3	$0.250 < K_P < 0.500$	A1	A2	A3	A4	A5	A6	A7	A8	A8	A8
Q4	$0.500 < K_P < 1.000$	A2	A3	A4	A5	A6	A7	A8	A8	A8	A8

在表 1.5 中，列出来起重机荷重谱系数 K_P 的四个范围值，它们各代表了起重机一个相对应的荷重状态。

起重机总的工作循环数与它的设计预期寿命期限的长短及起重机使用的频繁情况有关。起重机的使用等级是将可能出现的起重机总工作循环数划分成的 10 个级别，用 U_0、U_1、$U_2 \cdots U_9$ 表示。

吊车是按其工作的繁重程度来分级的。吊车在结构设计时，由工艺专业提出吊车工作级别。一般情况下，10t 地面操纵吊车为中级或轻级。工作制等级与工作级别的对应关系：A1~A3 是轻级，如：安装、维修用的电动梁式吊车、手动梁式吊车。A4、A5 是中级，如：机械加工车间用的软钩桥式吊车。A6、A7 是重级，如：繁重工作车间软钩桥式吊车。A8 是超重级，如：冶金用桥式吊车，连续工作的电磁、抓斗桥式吊车。

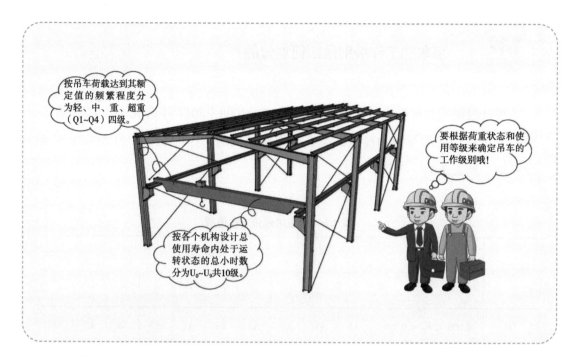

 《起重机设计规范》GB/T 3811—2008（2017 讨论稿）第 4.2.3 条。

1.13　钢框架厂房整体计算时如何考虑吊车荷载？

答：钢框架建模时，吊车层按一标准层建模，并布置吊车荷载，牛腿、吊车梁单独计算，PK、YJK 软件可按二维或三维方式分析带吊车的厂房结构，具体操作可参考软件的技术条件。

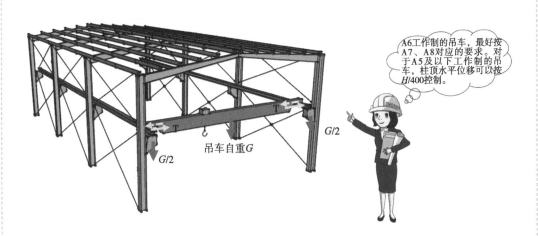

A6工作制的吊车，最好按A7、A8对应的要求。对于A5及以下工作制的吊车，柱顶水平位移可以按 $H/400$ 控制。

吊车水平荷载作用下柱水平位移不应超过表 1.7 的数值。

表 1.7　吊车水平荷载作用下柱水平位移（m）

项次	位移的种类	按平面结构图形计算	按空间结构图形计算
1	厂房柱的横向位移	$H_c/1250$	$H_c/2000$
2	露天栈桥柱的横向位移	$H_c/2500$	—
3	厂房和露天栈桥柱的纵向位移	$H_c/4000$	—

注：1. H_c 为基础顶面至吊车梁或吊车桁架顶面的高度。
　　2. 计算厂房或露天栈桥柱的纵向位移时，可假定吊车的纵向水平制动力分配在温度区段内所有的柱间支撑或纵向框架上。
　　3. 在设有 A8 级吊车的厂房中，厂房柱的水平位移（计算值）容许值不宜大于表中数值的 90%。
　　4. 在设有 A6 级吊车的厂房中，厂房柱的纵向位移宜符合表中的要求。

 参考　《钢结构设计标准》GB 50017—2017 附录 B.2。

1.14 在设计中如何确定钢构件的宽厚比截面等级？

答：压弯和受弯构件的截面宽厚比等级分为 S1~S5 级，具体确定方法按《钢结构设计标准》GB 50017—2017 确定，如表 1.8 所示。

表 1.8 压弯和受弯构件的截面板件宽厚比等级及限值

构件	截面板件宽厚比等级		S1 级	S2 级	S3 级	S4 级	S5 级
压弯构件（框架柱）	H形截面	翼缘 b/t	$9\varepsilon_k$	$11\varepsilon_k$	$13\varepsilon_k$	$15\varepsilon_k$	20
		腹板 h_0/t_w	$(33+13\alpha_0^{1.3})\varepsilon_k$	$(38+13\alpha_0^{1.39})\varepsilon_k$	$(40+18\alpha_0^{1.5})\varepsilon_k$	$(45+25\alpha_0^{1.66})\varepsilon_k$	250
	箱形截面	壁板（腹板）间翼缘 b_0/t	$30\varepsilon_k$	$35\varepsilon_k$	$40\varepsilon_k$	$45\varepsilon_k$	—
	圆钢管截面	径厚比 D/t	$50\varepsilon_k^2$	$70\varepsilon_k^2$	$90\varepsilon_k^2$	$100\varepsilon_k^2$	—
受弯构件（梁）	工字形截面	翼缘 b/t	$9\varepsilon_k$	$11\varepsilon_k$	$13\varepsilon_k$	$15\varepsilon_k$	20
		腹板 h_0/t_w	$65\varepsilon_k$	$72\varepsilon_k$	$93\varepsilon_k$	$124\varepsilon_k$	250
	箱形截面	壁板（腹板）间翼缘 b_0/t	$25\varepsilon_k$	$32\varepsilon_k$	$37\varepsilon_k$	$42\varepsilon_k$	—

注：1. ε_k 为钢号修正系数，其值为 235 与钢材牌号中屈服点数值的比值的平方根。

2. b 为工字形、H 形截面的翼缘外伸宽度；t、h_0、t_w 分别为翼缘厚度、腹板净高和腹板厚度，对轧制型截面，腹板净高不包括翼缘腹板过渡处圆弧段；对于箱形截面，b_0、t 分别为壁板间的距离和壁板厚度；D 为圆管截面外径。

3. 箱形截面梁及单向受弯的箱形截面柱，其腹板限值可根据 H 形截面腹板采用。

4. 腹板的宽厚比可通过设置加劲肋减小。

5. 当按国家标准《建筑抗震设计规范》GB 50011—2010（2016 年版）第 9.2.14 条第 2 款的规定设计，且 S5 级截面的板件宽厚比小于 S4 级经修正的板件宽厚比时，可视作 C 类截面。ε_σ 为应力修正因子，$\varepsilon_\sigma=\sqrt{f_y/\sigma_{max}}$。

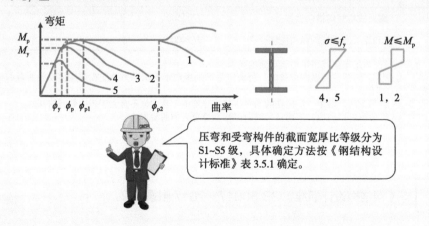

压弯和受弯构件的截面宽厚比等级分为 S1~S5 级，具体确定方法按《钢结构设计标准》表 3.5.1 确定。

参考 《钢结构设计标准》GB 50017—2017 第 3.5.1 条。

1.15　截面宽厚比等级的选取原则是什么？

答：根据结构对截面塑性发展的要求选取，钢结构截面宽厚比等级的选取在《钢结构设计标准》GB 50017—2017 的相关章节均有规定，构件不同、受力不同、抗震要求不同，宽厚比等级选取不同。

当对结构进行抗震性能化设计时，支撑截面板件宽厚比等级限值应符合表 1.9 的规定。

表 1.9　支撑截面板件宽厚比等级及限值

截面板件宽厚比等级		BS1 级	BS2 级	BS3 级
H 形截面	翼缘 b/t	$8\varepsilon_k$	$9\varepsilon_k$	$10\varepsilon_k$
	腹板 h_0/t_w	$30\varepsilon_k$	$35\varepsilon_k$	$42\varepsilon_k$
箱形截面	壁板间翼缘 b_0/t	$25\varepsilon_k$	$28\varepsilon_k$	$32\varepsilon_k$
角钢	角钢肢宽厚比 w/t	$8\varepsilon_k$	$9\varepsilon_k$	$10\varepsilon_k$
圆钢管截面	径厚比 D/t	$40\varepsilon_k^2$	$56\varepsilon_k^2$	$72\varepsilon_k^2$

注：w 为角钢平直段长度；ε_k 为钢筋修正系数，其值为 235 与钢筋牌号中屈服点数值的比值的平方根。

S1 级：截面可达到全截面塑性，且在转动过程中承载力不降低。S2 级：截面可达到全截面塑性，由于局部屈曲，塑性铰转动能力有限。S3 级：可发展部分塑性。S4 级：边缘纤维屈服时局部屈曲发生，不可发展塑性。S5 级：局部屈曲在边缘纤维屈服前发生（按有效截面计算承载力）。对构件的塑性要求高时，选 S1、S2 级。S3 级用于常规情况。S4、S5 级用于对构件塑性要求较低的情况，多用于不考虑抗震的构件。

如果翼缘为 S3 及以上等级而腹板为 S5 级，则受弯时腹板在刚好达到或还未达到边缘屈服时，就会发生局部屈曲，同样无法实现截面的塑性强化，当然也就别提截面发展塑性了（塑性发展系数只能取 1.0）。

自由外伸宽度与厚度之比不满足 S3 级要求者，受压翼缘在进入塑性时可能已失去局部稳定，因此不应考虑截面塑性，取 $\gamma_x=\gamma_y=1.0$。

参考　《钢结构设计标准》GB 50017—2017 第 3.5.1 条条文说明及相关章节。

第 2 章

结构整体分析

2.1 钢结构的第二振型可以是扭转吗？

答：钢结构第二周期可以是扭转周期。

《建筑抗震设计规范》GB 50011—2010（2016 年版）第 3.4.1 条及其条文说明，要求建筑物扭转周期比大于 0.9（混合结构扭转周期比大于 0.85），其主要目的是限制结构的扭转效应，因为国内外历次大震震害及国内一些振动台模型试验结果表明，过大的扭转效应会导致结构的严重破坏。其余相关规范的要求与《建筑抗震设计规范》要求基本相同。

规范规定的扭转周期比是结构扭转为主的第一振动周期 T_t 与平动为主的第一振动周期 T_1 之比。扭转耦联振动的主振型，可通过计算振型方向因子来判断。在两个平动和一个扭转方向因子中，当扭转方向因子大于 0.5 时，则该振型可认为是扭转为主的振型。

T_1 是指刚度较弱方向的平动为主的第一振型周期，对刚度较强方向的平动为主的第一振型周期与扭转为主的第一振型周期 T_t 的比值，相关规范条文及说明未规定其限值，主要考虑对抗扭刚度的控制不致过于严格。有的工程如两个方向的第一振型周期与 T_t 的比值均能满足限值要求，其抗扭刚度更为理想。由此可见，现行规范里没有硬性规定说第二周期不能为扭转。但是从优化设计的角度考虑，最好还是尽量把第二周期调整为平动，尤其是对于高层建筑。

参考 《建筑抗震设计规范》GB 50011—2010（2016 年版）第 3.4.1 条，《高层民用建筑钢结构技术规程》JGJ 99—2015 第 3.3.1 条，《高层建筑混凝土结构技术规程》JGJ 3—2010 第 3.4.5 条。

2.2 如何判断有支撑框架是有侧移框架还是无侧移框架?

答:当有支撑框架中支撑为强支撑时,有支撑框架为无侧移框架;当有支撑框架中支撑为弱支撑时,有支撑框架为有侧移框架。

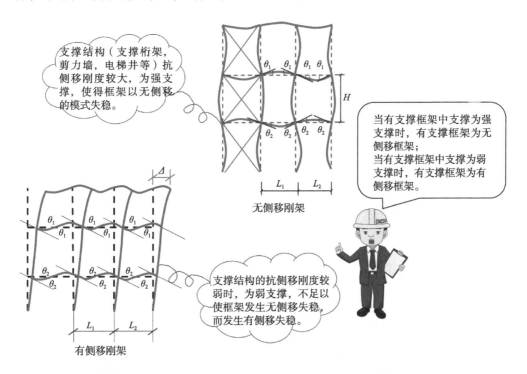

支撑结构(支撑桁架,剪力墙,电梯井等)抗侧移刚度较大,为强支撑,使得框架以无侧移的模式失稳。

无侧移刚架

当有支撑框架中支撑为强支撑时,有支撑框架为无侧移框架;
当有支撑框架中支撑为弱支撑时,有支撑框架为有侧移框架。

支撑结构的抗侧移刚度较弱时,为弱支撑,不足以使框架发生无侧移失稳,而发生有侧移失稳。

有侧移刚架

根据《钢结构设计标准》中第 8.3.1 条第 2 款中的式(8.3.1-6)要求判断支撑结构是否为强支撑,满足的为无侧移框架:

$$S_b \geq 4.4 \left[\left(1 + \frac{100}{f_y} \right) \Sigma N_{bi} - \Sigma N_{0i} \right] \qquad (8.3.1\text{-}6)$$

式中:ΣN_{bi}、ΣN_{0i}——分别为第 i 层层间所有框架柱用无侧移框架和有侧移框架柱计算长度系数算得的轴压杆稳定承载力之和(N);

S_b——支撑系统的层侧移刚度(产生单位倾斜角的水平力)(N)。

另外,如果是无支撑有侧移框架,其框架柱的计算长度系数 μ 都是大于 1 的。

参考 《钢结构设计标准》GB 50017—2017 第 8.3.1 条。

2.3 计算柱间支撑时如何分配水平荷载和地震作用?

答：计算柱间支撑时，在不考虑蒙皮效应前提下，同一柱列内支撑之间刚度相差不大，该列支撑所承担的水平荷载或地震作用在柱间支撑之间可以均分。

（1）当支撑同时承担结构上其他荷载作用时，应按实际发生的情况与支撑力组合。

（2）在计算柱间支撑内力时，常假定节点为铰接，不考虑柱的压缩变形及支撑杆件在自重下的挠度，并忽略上、下层支撑与柱交点不重合所带来的误差。在同一温度区段内的同一柱列设有两道或两道以上柱间支撑时，若屋面设有封闭的水平支撑并满足有关构造要求时，可假定全部纵向水平荷载由该柱列所有支撑共同承受，当支撑之间刚度相差不大时可等分，若支撑之间的刚度相差较大时，宜按每道支撑的纵向刚度进行分配。

下层柱间支撑承受本层山墙传来的风力、水平构件重力荷载对应的纵向地震作用，还承受吊车的纵向刹车力，以及上层柱间支撑分配来的纵向力。

多高层结构由于有刚度很大的混凝土楼面，柱间支撑承担的水平力按刚度、变形协调原则分配并按整体计算确定。

上层柱间支撑承受山墙传来的风力、屋盖重力荷载对应的纵向地震作用。

参考 《钢结构设计手册》（第四版）第 11.1.6 节。

2.4　如何防止钢框架塑性铰区受压翼缘的失稳破坏?

答:（1）抗震设计时,框架梁受压翼缘根据需要设置侧向支撑,在出现塑性铰的截面上下翼缘均应设置侧向支撑。当梁上翼缘与楼板有可靠连接时,固端梁下翼缘在梁端 0.15 倍梁跨附近均宜设置隅撑。

（2）梁端采用加强型连接或骨式连接时,应在塑性区外设置竖向加劲肋,隅撑与偏置 45° 的竖向加劲肋在梁下翼缘附近相连,该竖向加劲肋不应与翼缘焊接。梁端下翼缘宽度局部加大,对梁下翼缘侧向约束较大时,视情况可以不设隅撑。

加劲肋

在钢框梁可能出现塑性铰的区域,一般采取在梁的上下翼缘设置侧向支撑或布置梁腹板加劲肋进行加强。

隅撑与偏置45°的竖向加劲肋在梁下翼缘附近相连,该竖向加劲肋不应与翼缘焊接。

参考　《高层民用建筑钢结构技术规程》JGJ 99—2015 第 8.5.5 条,《建筑抗震设计规范》GB 50011—2010（2016 年版）第 8.5.5 条。

2.5 无地下室钢框架结构底层计算高度如何取值?

答:采用外露式柱脚计算首层层高时可以把拉梁层作为一个标准层输入,也可以考虑短柱刚度满足一定数值,嵌固在短柱顶。

对于钢框架的外包式柱脚,计算底层柱计算长度时取到下部短柱的顶面。短柱的线刚度相对钢柱来说很大,位于混凝土柱内钢柱已经完全约束。当然短柱间最好能设置拉梁,梁顶可与短柱顶齐平。

对于钢框架的埋入式刚性柱脚,结构计算时首层高度从基础顶算起,通过加高基础,如多阶基础、满足刚度要求的短柱、增加基础拉梁等方式,可以减小首层柱计算长度。

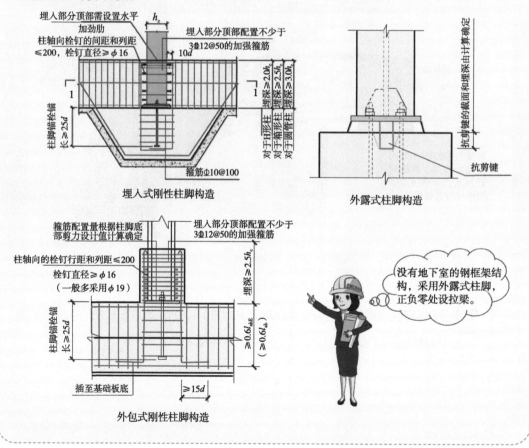

埋入式刚性柱脚构造

外露式柱脚构造

外包式刚性柱脚构造

没有地下室的钢框架结构,采用外露式柱脚,正负零处设拉梁。

参考 《高层民用建筑钢结构技术规程》JGJ 99—2015 第 8.6.1、8.6.2、8.6.3、8.6.4 条。

2.6　如何调整钢框架结构的位移比和层间受剪承载力比？

答：（1）位移比是在具有偶然偏心的规定水平力作用下，楼层两端抗侧力构件弹性水平位移（或层间位移）的最大值与平均值的比值。《建筑抗震设计规范》GB 50011—2010（2016 年版）规定，当位移比大于 1.2 时，结构为扭转不规则类型；同时，结构位移比不宜大于 1.5，当最大层间位移远小于规范限值时，可适当放宽。

对位移比的控制，主要是控制结构平面规则性，以避免产生过大的偏心而导致结构产生较大的扭转效应。对位移比超出规范要求的结构，可以通过如下方法进行调整：改变结构平面布置，减小结构刚心与形心的偏心距；加强位移最大的节点对应的墙、柱等构件的刚度，增加支撑；也可找出位移最小的节点削弱其刚度。

（2）对层间受剪承载力比的控制，主要是控制竖向不规则性，以避免竖向楼层受剪承载力突变，形成薄弱层。对层间受剪承载力比超出规范要求的结构，可以通过如下方法进行调整：适当提高本层构件强度（如增大钢构件截面、增加竖向构件、支撑）以提高本层墙、柱等抗侧力构件的承载力；适当降低上部相关楼层墙、柱等抗侧力构件的承载力。

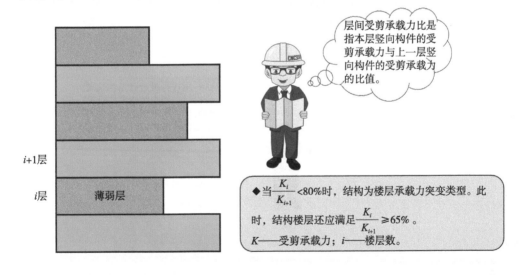

层间受剪承载力比是指本层竖向构件的受剪承载力与上一层竖向构件的受剪承载为的比值。

$i+1$层

i层　　薄弱层

◆当 $\dfrac{K_i}{K_{i+1}}$ <80% 时，结构为楼层承载力突变类型。此时，结构楼层还应满足 $\dfrac{K_i}{K_{i+1}}$ ≥65% 。

K——受剪承载力；i——楼层数。

参考　《建筑抗震设计规范》GB 50011—2010（2016 年版）第 3.4.3、3.4.4 条。

2.7 什么情况下钢梯需要采用滑动支座？

答：在利用结构计算软件进行结构抗震分析时，当在结构整体计算模型中，不考虑钢梯构件对结构整体的影响时，钢梯需要采用滑动支座。

钢楼梯不参与模型计算时，钢梯的滑动支座可以在梯梁的底部设置底板，放在平台梁上表面，并采用带长圆孔的螺栓进行连接。

地震中楼梯的梯板具有斜撑的受力状态，所以《建筑抗震设计规范》GB 50011—2010（2016年版）第3.6.6条中要求在计算中应考虑楼梯构件的影响。针对具体的结构不同，楼梯构件的影响可能很大或不大，可以区别对待。楼梯构件自身应计算抗震，但并不要求一律参与整体结构的计算。当楼梯采用滑动支座，或者剪力墙结构中楼梯四周均有剪力墙，特别是楼梯半平台所连接的三侧有剪力墙时，可以不参与整体计算。

踏步段

滑动支座

钢楼梯不参与模型计算时，钢梯的滑动支座可以在梯梁的底部设置底板，放在平台梁上表面，并采用带长圆孔的螺栓进行连接。

在利用计算机进行结构抗震分析时，当在结构整体计算模型中，不考虑钢梯构件对结构整体的影响时，钢梯需要采用滑动支座。

参考 《建筑抗震设计规范》GB 50011—2010（2016年版）第3.6.6条。

2.8　是否需要考虑轻钢屋面的平面内刚度?

答:若轻钢屋面满足一定的构造措施,就可以认为存在一定的平面内刚度,存在应力蒙皮效应。

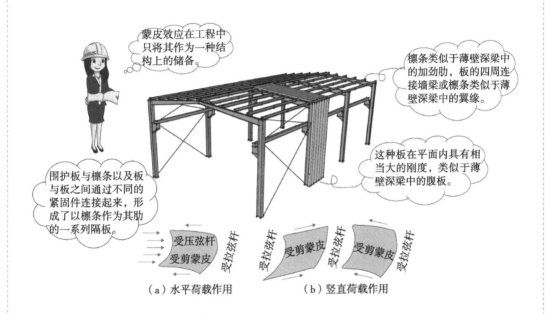

围护板与檩条以及板与板之间通过不同的紧固件连接起来,形成了以檩条作为其肋的一系列隔板。

蒙皮效应在工程中只将其作为一种结构上的储备。

檩条类似于薄壁深梁中的加劲肋,板的四周连接墙梁或檩条类似于薄壁深梁中的翼缘。

这种板在平面内具有相当大的刚度,类似于薄壁深梁中的腹板。

（a）水平荷载作用　　　（b）竖直荷载作用

目前在满足一定条件的压型钢板以及轻型钢框架组成的轻钢住宅和门式刚架体系中存在着较大的蒙皮效应。整体计算时可以近似采用刚性楼板假定。

《冷弯薄壁型钢结构技术规范》GB 50018—2002 第 4.1.10 条规定,当采用不能滑动的连接件连接型钢钢板及其支承构件形成屋面和墙面等围护体系时,可在单层房屋的设计中考虑受力蒙皮作用,但应同时满足下列要求:

（1）应由试验或可靠的分析方法获得蒙皮组合体的强度和刚度参数,对结构进行整体分析和设计;（2）屋脊、檐口和山墙等关键部位的檩条、墙梁、立柱及其连接等,除了考虑直接作用的荷载产生的内力外,还必须考虑由整体分析算得的附加内力进行承载力验算;（3）必须在建成的建筑物的显眼位置设立永久性标牌,标明在使用和维护过程中,不得随意拆卸压型钢板,只有设置了临时支撑后方可拆换压型钢板,并在设计文件中加以规定。

《门式刚架轻型房屋钢结构技术规范》GB 51022—2015 第 6.1.2 条的条文说明中指出，应力蒙皮效应的实现需要满足如下的构造措施：

（1）自攻螺钉连接屋面板与檩条；（2）传力途径不要中断，即屋面不得大开口（坡度方向的条形采光带）；（3）屋面与屋面梁之间要增设剪力传递件；（4）房屋的总长度不大于总跨度的 2 倍；（5）山墙结构增设柱间支撑以传递应力蒙皮效应传递来的水平力至基础。

《冷弯薄壁型钢结构技术规范》GB 50018—2002 第 4.1.10 条，《门式刚架轻型房屋钢结构技术规范》GB 51022—2015 第 6.1.2 条。

2.9 什么是计算长度系数？如何考虑计算长度系数？

答：在结构力学中，设某细长杆件承受轴向压力 P，当轴向应力 P 增加到一定程度时，压杆的直线平衡状态开始失去稳定，产生弯曲变形，这个力具有临界的性质，因此称为临界力。两端铰接的轴心受压构件的临界力为：$P_{cr}=\dfrac{\pi^2 EI}{l_0^2}$。为了钢结构设计应用上的方便，可以把各种约束条件下构件的临界力值换算为相当于两端铰接的轴心受压构件临界力的形式，而计算长度 l_0 与构件实际的几何长度之间的关系是 $l_0=\mu l$，这里的系数 μ 就是计算长度系数。其理论取值，如表 2.1 所示。

表 2.1　计算长度系数 μ 理论取值

支撑条件	两端铰接	两端固定	上端铰接，下端固定	上端平移但不转动，下端固定	上端自由，下端固定	上端平移但不转动，下端铰接
变形曲线 $l_0=\mu l$						
理论 μ 值	1.0	0.5	0.7	1.0	2.0	2.0
实例应用						

钢结构中钢柱的计算长度系数与框架类型、相交于柱上端节点的横梁线刚度之和与柱线刚度之和的比值 K_1、相交于柱下端节点的横梁线刚度之和与柱线刚度之和的比值 K_2、柱与基础的连接方式、横梁远端连接方式、横梁轴力大小以及柱的形式等因素有关。

《钢结构设计标准》GB 50017—2017 第 8.3.1 条及附录 E 给出了无侧移框架和有侧移框架中框架柱的计算长度系数 μ 的公式及相关表格可供查询。

参考　《钢结构设计标准》GB 50017—2017 第 8.3.1 条及附录 E。

2.10 单榀钢桁架下柱计算长度应该按照什么规范取值？

答：单榀钢桁架在柱顶一般采用铰接，类似于排架体系，可按照《钢结构设计标准》GB 50017—2017 附录 E 中相关计算长度的规定进行取值。

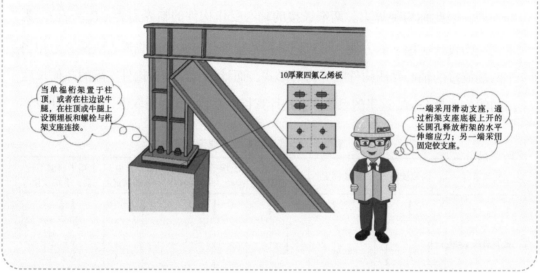

当单榀桁架置于柱顶，或者在柱边设牛腿，在柱顶或牛腿上设预埋板和螺栓与桁架支座连接。

10厚聚四氟乙烯板

一端采用滑动支座，通过桁架支座底板上开的长圆孔释放桁架的水平伸缩应力；另一端采用固定铰支座。

参 考 《钢结构设计标准》GB 50017—2017 附录 E，《钢结构设计手册》（第四版）第 11.1.5 节。

2.11 可否通过设置加劲肋来减小钢梁平面外计算长度？

答：不能。加劲肋一般仅在翼缘宽度内设置，只是为了解决钢梁的局部稳定问题，对钢梁平面外的整体稳定不起作用。要想减小梁平面外的计算长度，就要增设平面外的刚性支撑。

加劲肋是在支座或有集中荷载处，为保证构件局部稳定并传递集中力所设置的条状加强件。钢梁加肋，就是在钢梁的中部，焊接垂直于梁长方向的钢板。可以提高梁的稳定性和抗扭性能。

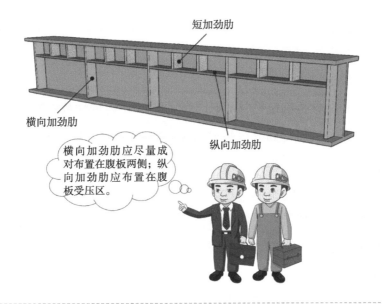

短加劲肋

横向加劲肋

纵向加劲肋

横向加劲肋应尽量成对布置在腹板两侧；纵向加劲肋应布置在腹板受压区。

 参考

《钢结构设计标准》GB 50017—2017 第 6.3.6 条。

2.12 如何利用屈曲分析得到压弯构件的计算长度系数？

答：做屈曲分析，由欧拉公式反算计算长度。但欧拉公式是根据理想压杆推导出来的，实际工程中的柱子受力情况比较复杂，可能存在弯矩或尺寸偏差等，所以欧拉公式的结果并非是准确解，也未必就是最不利的结果。

通过欧拉公式提供的条件，一旦确定构件的临界承载力 P_{cr}，即可反推出构件的等效计算长度 L_e。

欧拉承载力公式：$P_{cr} = \dfrac{\pi^2 EI}{(\mu l)^2}$，长度计算公式：$L_e = \mu l = \sqrt{\dfrac{\pi^2 EI}{P_{cr}}}$

计算方法中，主要目标就是要确定构件的欧拉临界力，计算有以下三种方法：

1.整体模型法

通过整体屈曲分析确定柱计算长度的方法，是将该柱放在整体模型中，进行屈曲模态分析，从而得到欧拉临界力和屈曲系数的方法。分析工况的加载模式有多种，一般情况下可以取作用于全楼的重力荷载代表值。

整体法根据加载模式不同而计算效率、分析结果略有差异。通常情况下可以将单位力施加到需要进行屈曲分析的构件两端，对整体模型进行该单位力对应工况的屈曲分析，从而能有效直观地得到相应构件的屈曲模态。由于该方法未考虑整体受力，其屈曲模态被认为有一定误差，对比模型分析误差并不显著。此外，还有按照结构整体荷载定义屈曲分析工况的加载方法，但该方法需要计算较多的结构屈曲模态从而甄别相关构件所对应的屈曲模态，较难判断具体构件应对应的屈曲模态，通过适当的处理措施，如对被分析构件进行细分可以较好地得到该构件的屈曲模态。

因此，在整体屈曲分析法中将采用针对需要分析构件施加单位力进行屈曲分析的方法。整体法得到的构件屈曲模态相对比较接近其实际模态，因而受到广泛认可与应用。但由于采用整体模型进行分析计算量较大，需要占用较多的设计资源，为简化分析方法，演化出独立构件模型法和局部结构实体有限元分析法。

2. 独立构件模型法

该方法为利用屈曲分析确定计算长度的简化算法。具体如下：首先是确定需要计算构件的预计计算区间如跨层柱，取柱两端有完整楼板或交叉梁约束之间的距离作为计算基础；然后根据柱两端约束之间存在的其他约束，确定这些约束的弹性刚度。由于柱的节点有平动和转动弹性约束，因此需要确定节点空间体系中三个平动和三个转动共六个弹性约束刚度系数。约束刚度系数可以通过下述简化方法确定，即：在整体模型中，可以删除要求计算长度的跨层柱，在柱各约束节点处分别施加矢量方向沿整体坐标的单位力及单位力偶，从而分别得到单位力或单位力偶下的平动位移或转角，其倒数即为该处其他杆件对柱的弹性约束常数。有了弹性约束常数，可以建立一简单模型：跨层柱及相应弹性约束常数的稳定性分析模型。通过计算出简单模型的屈曲模态及对应的临界荷载。最后根据上述公式计算出跨层柱的计算长度 L_e。

该方法的缺陷是未考虑各约束刚度之间的耦联作用以及结构其他部位对跨层柱的间接约束作用，仅取单位荷载作用下沿该作用力方向的变形，而在该荷载作用下节点在其他方向的位移则不予考虑，因此得到的构件计算长度会相对偏大。随着柱间约束数增加误差增大，对比分析表明，当柱间约束数超过 18 个或跨 4 层柱且中间有较多约束及以上情况时误差较大。

3. 局部构件实体有限元分析法

除了上述两种分析方法，还可利用结构局部实体有限元模型法进行构件屈曲分析从而推导构件计算长度。该方法通过有限元模型模拟包括拟计算构件在内的局部结构，将构件的初步配筋及截面情况、周边约束情况等详细地反映到局部结构有限元模型中，再进行屈曲分析。

对比分析表明，跨层柱所跨层数较少（如 2~3 层）、中间约束有限的情况下，上述三种方法得到的跨层柱计算长度比较接近；而当所跨层数较多，中间约束也较多时，独立构件模型法得到的结果与另外两种方法得到的结果相差较大，且采用独立模型分析得到的柱计算长度较大，这是因为采用独立模型忽略了各约束刚度之间的耦联作用。工程设计中建议偏安全地取独立模型法所确定的跨层柱的计算长度。同时，考虑分析精度和计算方法与实际情况的离散性，在得到的计算长度基础上考虑 1.2 倍增大系数作为工程应用的依据。

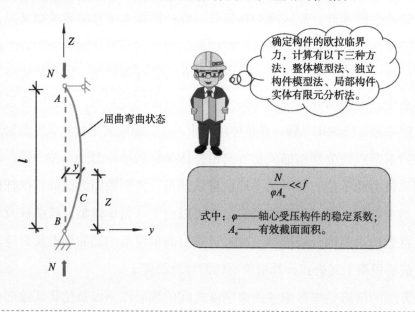

确定构件的欧拉临界力，计算有以下三种方法：整体模型法、独立构件模型法、局部构件实体有限元分析法。

$$\frac{N}{\varphi A_e} << f$$

式中：φ——轴心受压构件的稳定系数；
A_e——有效截面面积。

2.13　如何采用一阶弹性分析进行框架 – 支撑结构的弯矩调幅设计？

答：一阶弹性分析，针对未变形的结构来分析它的平衡，不考虑变形对内力的影响，叫做一阶弹性分析。一阶弹性分析所得变形 – 荷载关系是线性的，当变形对内力影响很大时，才需用采用二阶分析。当采用一阶弹性分析的框架 – 支撑结构进行弯矩调幅设计时，主要按照《钢结构设计标准》GB 50017—2017 第 10 章的相关规定进行设计，要点如下：

（1）塑性及弯矩调幅设计时，容许形成塑性铰的构件应为单向弯曲构件；

（2）进行弯矩调幅的构件，钢材性能应符合：屈强比不应大于 0.85；钢材应有明显的屈服台阶，且伸长率不应小于 20%；

（3）标准中弯矩调幅仅限于宽厚比为 S1 级的一阶弹性分析，形成塑性铰并发生塑性转动的截面采用 S1 级，最后形成塑性铰的截面采用不低于 S2 级，若无法区分，采用 S1 级；

（4）框架柱计算长度系数可取为 1.0，支撑系统应满足强支撑的计算要求；

（5）对于连续梁、框架梁和钢梁及钢 – 混凝土组合梁的调幅幅度限值及挠度和侧移增大系数应按《钢结构设计标准》GB 50017—2017 中表 10.2.2–1 及表 10.2.2–2 的规定采用。

标准表 10.2.2–1　钢梁调幅幅度限值及侧移增大系数

调幅幅度限值	位移的种类	按平面结构图形计算
15%	S1 级	1.00
20%	S2 级	1.05

标准表 10.2.2–2　钢 – 混凝土组合梁调幅幅度限值及挠度和侧移增大系数

梁分析模型	调幅幅度限值	梁截面板件宽厚比等级	挠度增大系数	侧移增大系数
变截面模型	5%	S1 级	1.00	1.00
	10%	S1 级	1.05	1.05
等截面模型	15%	S1 级	1.00	1.00
	20%	S1 级	1.00	1.05

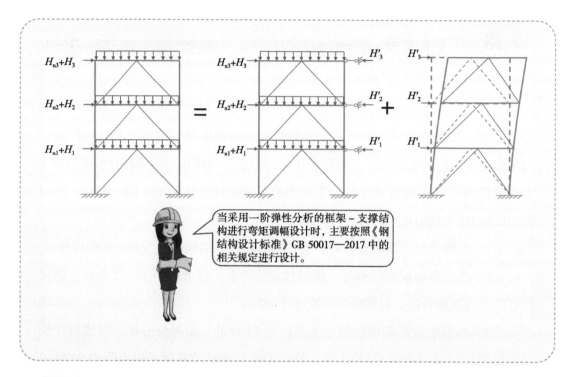

当采用一阶弹性分析的框架 - 支撑结构进行弯矩调幅设计时，主要按照《钢结构设计标准》GB 50017—2017 中的相关规定进行设计。

 《钢结构设计标准》GB 50017—2017 第 10.1、10.2 节。

2.14 如何应用《钢结构设计标准》中的二阶 $P-\Delta$ 弹性分析法?

答：应用二阶 $P-\Delta$ 弹性分析法前，先采用《钢结构设计标准》GB 50017—2017 中式（5.1.6-1）和式（5.1.6-2）计算所得最大二阶效应系数 $\theta_{i,\max}^{\mathrm{II}}$ 进行相应结构内力分析方法的选择。当 $\theta_{i,\max}^{\mathrm{II}} \leqslant 0.1$ 时，可采用一阶弹性分析；当 $0.1 < \theta_{i,\max}^{\mathrm{II}} \leqslant 0.25$ 时，宜采用二阶 $P-\Delta$ 弹性分析或采用直接分析；当 $\theta_{i,\max}^{\mathrm{II}} > 0.25$ 时，应增大结构的侧移刚度或采用直接分析。

采用仅考虑 $P-\Delta$ 效应的二阶弹性分析与设计方法只考虑了结构整体层面上的二阶效应的影响，并未涉及构件对结构整体变形和内力的影响，因此这部分还应通过稳定系数来进行考虑，此时的构件计算长度系数应取 1.0 或其他认可的值。当结构无侧移影响时，如近似一端固接、一端铰接的柱子，其计算长度系数小于 1.0。

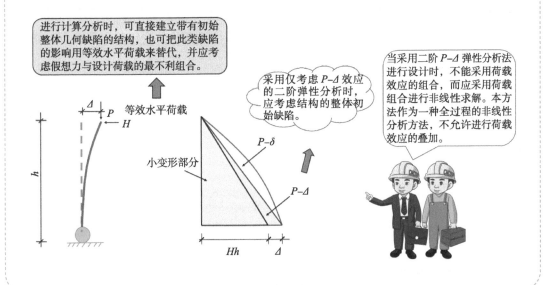

进行计算分析时，可直接建立带有初始整体几何缺陷的结构，也可把此类缺陷的影响用等效水平荷载来替代，并应考虑假想力与设计荷载的最不利组合。

采用仅考虑 $P-\Delta$ 效应的二阶弹性分析时，应考虑结构的整体初始缺陷。

当采用二阶 $P-\Delta$ 弹性分析法进行设计时，不能采用荷载效应的组合，而应采用荷载组合进行非线性求解。本方法作为一种全过程的非线性分析方法，不允许进行荷载效应的叠加。

参考 《钢结构设计标准》GB 50017—2017 第 5.1.6、5.4.1 条。

2.15 《钢标》中直接分析设计法和二阶弹性分析法有何不同?

答:《钢结构设计标准》GB 50017—2017 采用仅考虑 $P\text{-}\Delta$ 效应的二阶弹性分析时,应按本标准第 5.2.1 条考虑结构的整体初始缺陷,计算结构在各种荷载或作用设计值下的内力和标准值下的位移,并应按本标准第 6 章~第 8 章的有关规定进行各结构构件的设计,同时应按本标准的有关规定进行连接和节点设计。计算构件轴心受压稳定承载力时,构件计算长度系数 μ 可取 1.0 或其他认可的值。二阶 $P\text{-}\Delta$ 弹性分析设计方法考虑了结构在荷载作用下产生的变形($P\text{-}\Delta$)、结构整体初始几何缺陷($P\text{-}\Delta_0$)、节点刚度等对结构和构件变形和内力产生的影响。

直接分析设计法应采用考虑二阶 $P\text{-}\Delta$ 和 $P\text{-}\delta$ 效应,按《钢结构设计标准》GB 50017—2017 第 5.2.1、5.2.2、5.5.8、5.5.9 条同时考虑结构和构件的初始缺陷、节点连接刚度和其他对结构稳定性有显著影响的因素,允许材料的弹塑性发展和内力重分布,获得各种荷载设计值(作用)下的内力和标准值(作用)下的位移,同时在分析的所有阶段,各结构构件的设计均应符合《钢结构设计标准》GB 50017—2017 第 6 章~第 8 章的有关规定,但不需要按计算长度法进行构件受压稳定承载力验算。

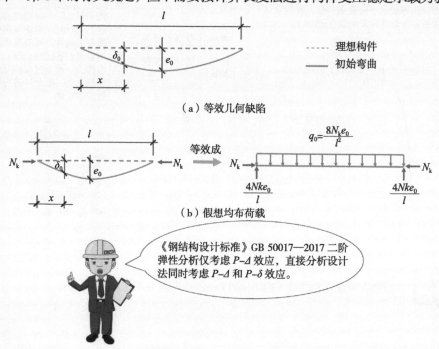

(a)等效几何缺陷

(b)假想均布荷载

《钢结构设计标准》GB 50017—2017 二阶弹性分析仅考虑 $P\text{-}\Delta$ 效应,直接分析设计法同时考虑 $P\text{-}\Delta$ 和 $P\text{-}\delta$ 效应。

参考 《钢结构设计标准》GB 50017—2017 第 5.5.1 条。

第 3 章

基本构件设计

3.1 钢柱的全塑性受弯承载力如何考虑轴力的影响?

答: 轴力对钢柱全塑性受弯承载力的影响与截面形状和构件轴压比有关,《高层建筑钢–混凝土混合结构设计规程》CECS 230—2008 给出了相关公式(如下)。构件弹塑性受弯时,截面应力线性分布,构件全塑性受弯时,截面应力矩形分布。

全塑性受弯承载力是指钢柱截面所能承受的最大塑性受弯承载力,由截面的塑性抗弯抵抗矩乘以钢材的屈服强度最小值得出。

梁全塑性受弯承载力: $M_p = W_p \cdot f_y$,其中 W_p 为塑性截面模量,计算方法是:先定出塑性中和轴,即按塑性中和轴上下截面的面积相等的原则确定,再求塑性中和轴上下截面对于塑性中和轴的面积矩 S_1 和 S_2,$W_p = S_1 + S_2$。

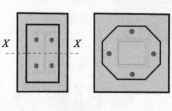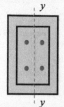

抗弯连接钢柱底部的形状和锚栓的配置

工字形截面(绕强轴)和箱形截面　　工字形截面(绕弱轴)　　　　圆钢管截面

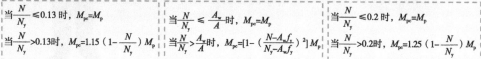

当 $\frac{N}{N_y} \leq 0.13$ 时,$M_{pc} = M_p$

当 $\frac{N}{N_y} > 0.13$ 时,$M_{pc} = 1.15 \left(1 - \frac{N}{N_y}\right) M_p$

当 $\frac{N}{N_y} \leq \frac{A_w}{A}$ 时,$M_{pc} = M_p$

当 $\frac{N}{N_y} > \frac{A_w}{A}$ 时,$M_{pc} = \left[1 - \left(\frac{N - A_w f_y}{N_y - A_w f_y}\right)^2\right] M_p$

当 $\frac{N}{N_y} \leq 0.2$ 时,$M_{pc} = M_p$

当 $\frac{N}{N_y} > 0.2$ 时,$M_{pc} = 1.25 \left(1 - \frac{N}{N_y}\right) M_p$

 参考

《高层建筑钢–混凝土混合结构设计规程》CECS 230—2008 第 8.1.2 条。

3.2　如何考虑钢构件腹板屈曲后的承载力？

答：腹板屈曲后，腹板的张力形成拉力场，和横向加劲肋上下翼缘构成桁架体系。桁架受力充分，使其有一定的强度可以利用，从而继续承载。

加劲肋

封头肋板

支座

钢梁腹板一般用得比较薄，并采用加劲肋加强。

腹板仅配置支承加劲肋且较大荷载处尚有中间横向加劲肋，同时考虑屈曲后强度的工字形焊接截面梁应按下列公式验算受弯和受剪承载能力：

$$\left(\frac{V}{0.5V_u}-1\right)^2+\frac{M-M_f}{M_{eu}-M_f}\leqslant 1.0$$

$$M_f=\left(A_{f1}\frac{h_{m1}^2}{h_{m2}}+A_{f2}h_{m2}\right)f$$

梁受弯承载力设计值 M_{eu} 应按下列公式计算：

$$M_{eu}=\gamma_x\alpha_e W_x f$$

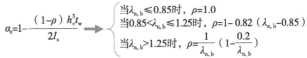

$$\alpha_e=1-\frac{(1-\rho)h_c^3 t_w}{2I_x}$$

当 $\lambda_{n,b}\leqslant 0.85$ 时，$\rho=1.0$

当 $0.85<\lambda_{n,b}\leqslant 1.25$ 时，$\rho=1-0.82(\lambda_{n,b}-0.85)$

当 $\lambda_{n,b}>1.25$ 时，$\rho=\frac{1}{\lambda_{n,b}}\left(1-\frac{0.2}{\lambda_{n,b}}\right)$

梁受剪承载力设计值 V_u 应按下列公式计算：

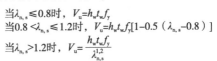

当 $\lambda_{n,s}\leqslant 0.8$ 时，$V_u=h_w t_w f_y$

当 $0.8<\lambda_{n,s}\leqslant 1.2$ 时，$V_u=h_w t_w f_y[1-0.5(\lambda_{n,s}-0.8)]$

当 $\lambda_{n,s}>1.2$ 时，$V_u=\frac{h_w t_w f_y}{\lambda_{n,s}^{1.2}}$

式中：M、V——所计算同一截面上梁的弯矩设计值（N·mm）和剪力设计值（N）；计算时，当 $V<0.5V_u$ 时，取 $V=0.5V_u$；当 $M<M_f$ 时，取 $M=M_f$；

M_f——梁两翼缘所能承担的弯矩设计值（N·mm）；

A_{f1}、h_{m1}——较大翼缘的截面面积（mm²）及其形心至梁中和轴的距离（mm）；

A_{f2}、h_{m2}——较小翼缘的截面面积（mm²）及其形心至梁中和轴的距离（mm）；

α_e——梁截面模量考虑腹板有效高度的折减系数；

W_x——按受拉或受压最大纤维确定的梁毛截面模量（mm³）；

I_x——按梁截面全部有效算得的绕 x 轴的惯性矩（mm⁴）；

h_c——按梁截面全部有效算得的腹板受压区高度（mm）；

γ_x——梁截面塑性发展系数；

ρ——腹板受压区有效高度系数；

$\lambda_{n,b}$——用于腹板受弯计算时的正则化宽厚比；

$\lambda_{n,s}$——用于腹板受剪计算时的正则化宽厚比。

参考　《钢结构设计标准》GB 50017—2017 第 6.4.1 条。

3.3 如何保证框架钢梁下翼缘的稳定?

答:支座承担负弯矩且梁顶有混凝土楼板时,框架梁下翼缘的稳定性计算应符合下列规定:

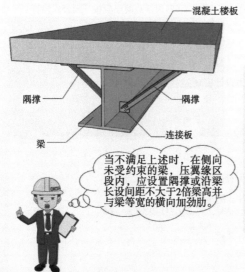

> 当 $\lambda_{n,b} \leq 0.45$ 时,可不计算框架梁下翼缘的稳定性。

> 当不满足上一条时,框架梁下翼缘的稳定性应按下列公式计算:

$$\frac{M_x}{\varphi_d W_{1x} f} \leq 1.0 \qquad \lambda_e = \pi \lambda_{n,b} \sqrt{\frac{E}{f_y}} \qquad \lambda_{n,b} = \sqrt{\frac{f_y}{\sigma_{cr}}}$$

$$\sigma_{cr} = \frac{3.46 b_1 t_1^3 + h_w t_w^3 (7.27\gamma + 3.3) \varphi_1}{h_w^2 (12 b_1 t_1 + 1.78 h_w t_w)} E$$

$$\varphi_1 = \frac{1}{2} \left(\frac{5.436 \gamma h_w^2}{l^2} + \frac{l^2}{5.436 \gamma h_w^2} \right) \qquad \gamma = \frac{b_1}{t_w} \sqrt{\frac{b_1 t_1}{h_w t_w}}$$

混凝土楼板

隔撑 隔撑

梁 连接板

当不满足上述时,在侧向未受约束的梁,压翼缘区段内,应设置隔撑或沿梁长设间距不大于2倍梁高并与梁等宽的横向加劲肋。

式中:b_1——受压翼缘的宽度(mm);

t_1——受压翼缘的厚度(mm);

W_{1x}——弯矩作用平面内对受压最大纤维的毛截面模量(mm³);

φ_d——稳定系数,根据换算长细比 λ_e 按《钢结构设计标准》附录 D 表 D.0.2 采用;

$\lambda_{n,b}$——正则化长细比;

σ_{cr}——畸变屈曲临界应力(N/mm²);

l——当框架主梁支承次梁且次梁高度不小于主梁高度一半时,取次梁到框架柱的净距;除此情况外,取梁净距的一半(mm)。

 参考

《钢结构设计标准》GB 50017—2017 第 6.2.7 条。

3.4　箱形截面腹板高厚比超标时如何计算腹板局部稳定?

答：箱形截面梁腹板的局部稳定计算可参考 H 型钢截面梁。箱形截面压弯构件的腹板高厚比超过规定的 S4 级截面要求时，其构件设计应符合下列规定：

1. 应以有效截面代替实际截面按下列公式取值：

（1）工字形截面腹板受压区的有效宽度应取为：

$$h_e = \rho h_c \tag{3.1}$$

当 $\lambda_{n,p} \leqslant 0.75$ 时，$\rho = 1.0$

当 $\lambda_{n,p} > 0.75$ 时，$\rho = \dfrac{1}{\lambda_{n,p}} \left(1 - \dfrac{0.19}{\lambda_{n,p}}\right) \tag{3.2}$

$$\lambda_{n,p} = \frac{h_w / t_w}{28.1 \sqrt{k_\sigma}} \cdot \frac{1}{\varepsilon_k} \tag{3.3}$$

$$k_\sigma = \frac{16}{2 - \alpha_0 + \sqrt{(2 - \alpha_0)^2 + 0.112 \alpha_0^2}} \tag{3.4}$$

式中：h_c、h_e——分别为腹板受压区宽度和有效宽度（mm），当腹板全部受压时，

$\qquad\quad h_c = h_w$。

（2）工字形截面腹板有效宽度 h_e 应按下列公式计算：

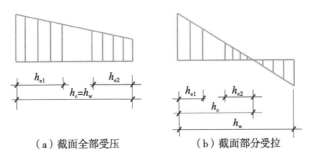

（a）截面全部受压　　　　　　　（b）截面部分受拉

当截面全部受压，即 $\alpha_0 \leqslant 1$ 时，如图（a）所示，则

$$h_{e1} = 2h_e / (4 + \alpha_0) \tag{3.5}$$

$$h_{e2} = h_e - h_{e1} \tag{3.6}$$

当截面部分受拉，即 $\alpha_0 > 1$ 时，如图（b）所示，则

$$h_{e1}=0.4h_e \tag{3.7}$$

$$h_{e2}=0.6h_e \tag{3.8}$$

（3）箱形截面压弯构件翼缘宽厚比超限时也应按式（3.1）计算其有效宽度，计算时取 $k_\sigma = 4.0$。有效宽度在两侧均等分布，如图（a）、图（b）所示。

2. 应采用下列公式计算杆件承载力：

强度计算：
$$\frac{N}{A_{ne}}+\frac{M+Ne}{\gamma_x W_{nex}} \leqslant f \tag{3.9}$$

平面内稳定计算：
$$\frac{N}{\varphi_x A_e f} + \frac{\beta_{mx}M_x+Ne}{\gamma_x W_{e1x}(1-0.8\frac{N}{N'_{Ex}})f} \leqslant 1.0 \tag{3.10}$$

平面外稳定计算：
$$\frac{N}{\varphi_x A_e f}+\eta\frac{\beta_{tx}M_x+Ne}{\varphi_b W_{e1x} f} \leqslant 1.0 \tag{3.11}$$

式中：A_{ne}、A_e——分别为有效净截面面积和有效毛截面面积（mm^2）；

W_{nex}——有效截面的净截面模量（mm^3）；

W_{e1x}——有效截面对较大受压纤维的毛截面模量（mm^3）；

e——有效截面形心至原截面形心距离（mm）。

参考

《钢结构设计标准》GB 50017—2017 第 3.5.1、8.4.2 条。

3.5　与 H 形柱连接的梁腹板有效受弯高度如何取值?

答:H 形柱(绕强轴)$h_m=h_{0b}/2$

式中:h_m——与箱形柱或圆管柱连接时,梁腹板(一侧)的有效受弯高度(mm);

　　　h_{0b}——梁腹板高度(mm)。

H 形截面的钢梁与空的钢管柱连接,腹板上弯曲应力作用在钢管壁上,极限状态钢管壁上形成塑性铰线。如果柱子也是 H 形的,则钢梁腹板上的应力直接传到柱子的腹板上,柱子的翼缘不会形成塑性铰线。

梁腹板的整个高度全受弯有效,一半高度受压,一半高度受拉。

 参考　《高层民用建筑钢结构设计规程》JGJ 99—2015 第 8.2.3 条。

3.6 钢框架柱是否需要进行抗剪验算？

答：钢框架柱一般不用进行抗剪验算。钢框架柱是强度和稳定控制的，当强度和稳定满足条件后，非特定情况下抗剪都能满足要求。对于常规民用建筑，一般钢柱的剪力最大值出现在柱脚和梁柱节点处，因此只需要对柱脚和节点域进行抗剪计算。若在柱中间位置有较大的水平力，就需要对剪力最大值出现的位置进行抗剪承载力计算。

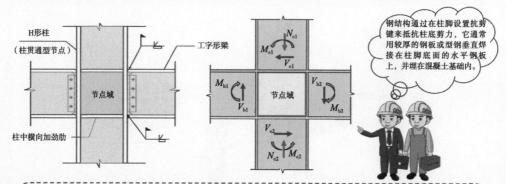

框架节点域需要进行抗剪验算，节点域的抗剪强度 f_{ps} 应据节点域受剪正则化宽厚比 $\lambda_{n,s}$ 按下列规定取值：

（1）当 $\lambda_{n,s} \leq 0.6$ 时，$f_{ps} = \frac{4}{3} f_v$；

（2）当 $0.6 < \lambda_{n,s} \leq 0.8$ 时，$f_{ps} = \frac{1}{3}(7-5\lambda_{n,s})f_v$；

（3）当 $0.8 < \lambda_{n,s} \leq 1.2$ 时，$f_{ps} = [1-0.75(\lambda_{n,s}-0.8)]f_v$；

（4）当轴压比 $\frac{N}{A} > 0.4$ 时，抗剪强度 f_{ps} 应乘以修正系数，当 $\lambda_{n,s} \leq 0.8$ 时，修正系数可取为 $\sqrt{1-\left(\frac{N}{Af}\right)^2}$。

参考 《钢结构设计标准》GB 50017—2017 第 12.3.3 条。

3.7　消能梁段的受剪承载力如何考虑轴力的影响?

答: 根据《高层民用建筑钢结构技术规程》JGJ 99—2015 第 8.8.3 条, 用不计入轴力影响的受剪承载力计算消能梁段的净长时, 对结构的抗震性能更为有利。当轴力较小时, 忽略轴力影响; 轴力较大时, 考虑轴力的不利影响。

注意: 此时消能梁段净长 a 是由塑性铰条件求出的, 计算中所有的 V_l 只能取 $V_l = 0.85 A_w f_y$ (V_l 为消能梁段不计入轴力影响的受剪承载力)。

1. 消能梁段的受剪承载力可按下列公式计算:

(1) $N \leqslant 0.15Af$ 时, $V_l = 0.58 A_w f_y$ 或 $V_l = 2M_{lp}/a$, 取较小值

$$A_w = (h - 2t_f) t_w$$

$$M_{lp} = f W_{np}$$

(2) $N > 0.15Af$ 时, $V_{lc} = 0.58 A_w f_y \sqrt{1 - [N/(fA)]^2}$

或 $V_{lc} = 2.4 M_{lp}[1 - N/(fA)]/a$, 取较小值

2. 消能梁段的净长应符合下列规定:

(1) 当 $N \leqslant 0.16Af$ 时, 其净长 $a \leqslant 1.6 M_{lp}/V_l$

(2) 当 $N > 0.16Af$ 时,

　　1) $\rho (A_w/A) < 0.3$ 时, $a \leqslant 1.6 M_{lp}/V_l$

　　2) $\rho (A_w/A) \geqslant 0.3$ 时, $a \leqslant [1.15 - 0.5\rho(\dfrac{A_w}{A})]1.6 M_{lp}/V_l$

$$\rho = N/V$$

3. 消能梁段的受弯承载力应符合下列公式的规定:

(1) $N \leqslant 0.15Af$ 时

$$\frac{M}{W} + \frac{N}{V} \leqslant f$$

(2) $N > 0.15Af$ 时

$$(\frac{M}{h} + \frac{N}{2})\frac{1}{b_f t_f} < f$$

消能梁段

消能梁段是指偏心支撑框架中斜杆与梁交点和柱之间的区段，或同一跨内相邻两个斜杆与梁交点之间的区段。

在地震作用下，当消能梁段屈服后，其余区段的结构仍然处于弹性受力状态，通过消能梁段的破坏来消耗地震作用的能量，提高了建筑的抗震效果。

消能梁段主要用于对抗地震作用。

参 考　《高层民用建筑钢结构技术规程》JGJ 99—2015 第7.6.3、7.6.4、8.8.3条。

3.8　框架梁端受剪承载力计算时如何选取截面?

答:框架梁端受剪承载力计算时,受剪面积应采用腹板的净截面,即扣除了焊接孔和螺栓孔后的面积。

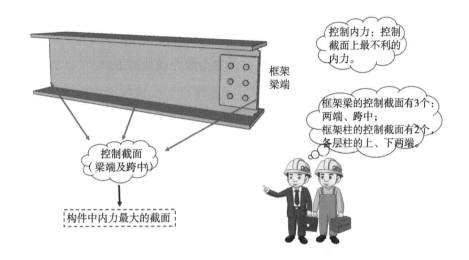

控制内力:控制截面上最不利的内力。

框架梁端

控制截面(梁端及跨中)

构件中内力最大的截面

框架梁的控制截面有3个:两端、跨中;
框架柱的控制截面有2个:各层柱的上、下两端。

表 3.1　框架梁、柱控制截面最不利内力

构件	控制内力		
	梁		柱
控制截面	梁端	跨中	柱端
最不利内力	$-M_{max}$ $+M_{max}$ $\lvert V \rvert_{max}$	$-M_{max}$ $+M_{max}$	$+M_{max}$ 及相应的 N,V $-M_{max}$ 及相应的 N,V N_{max} 及相应的 M,V N_{min} 及相应的 M,V

参考　《高层民用建筑钢结构技术规程》JGJ 99—2015 第 7.1.5 条。

3.9 如何考虑简支组合梁中剪力的作用?

答：简支组合构件中的纵向剪力是从支座指向跨中的。纵向剪力主要通过栓钉来传递，竖向剪力对纵向剪力的影响很小，一般可以忽略不计。

剪力："剪切"是在一对相距很近、大小相同、指向相反的横向外力（即垂直于作用面的力）作用下，材料的横截面沿该外力作用方向发生的相对错动变形现象。能够使材料产生剪切变形的力称为剪力或剪切力。

组合梁：由两种不同材料结合或不同工序结合而成的梁称为组合梁，亦称联合梁。有的主梁采用一种材料，而连接各主梁的桥面板用另一种材料；也有用预制钢筋混凝土梁或预应力混凝土梁与就地浇筑的钢筋混凝土桥面板组成的组合梁。

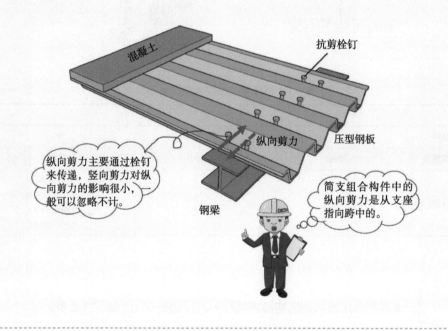

 参考 《钢结构设计标准》GB 50017—2017 第 14.3、14.6 节。

3.10　如何计算组合梁的换算截面惯性矩?

答：对荷载的标准组合，可将截面中的混凝土翼板有效宽度除以钢与混凝土弹性模量的比值 α_E，换算为钢截面宽度后，计算整个截面的惯性矩；对荷载的准永久组合，则除以 $2\alpha_E$ 进行换算；对于钢梁与压型钢板混凝土组合板构成的组合梁，应取其较弱截面的换算截面进行计算，且不计压型钢板的作用。

截面惯性矩：指截面各微元面积与各微元至截面上某一指定轴线距离二次方乘积的积分，是衡量截面抗弯能力的一个几何参数。

表 3.2　部分截面形状截面惯性矩

项次	1	2	3	4	5	6	7
截面形状	长方形	正方形	圆形	环形			
截面惯性矩	$I=\dfrac{bh^3}{12}$	$I=\dfrac{a^4}{12}$	$I=\dfrac{\pi d^4}{64}=\dfrac{\pi r^4}{4}$	$t=\dfrac{\pi\left(d^4-d_1^4\right)}{64}$ 薄壁 $I=\dfrac{\pi t}{8}\cdot d_m^3$	$I_x=\dfrac{Be_1^3-bh^3+ae_2^3}{3}$	$I_x=\dfrac{BH^3-bh^3}{12}$	$I_x=\dfrac{BH^3+bh^3}{12}$
截面模量 W	$W=\dfrac{bh^2}{6}$	$W=\dfrac{a^3}{6}$	$W=\dfrac{\pi d^3}{32}=\dfrac{\pi r^3}{4}$	$W=\dfrac{\pi\left(d^4-d_1^4\right)}{32d}$ 薄壁 $W=\dfrac{\pi t}{4}\cdot d_m^2$			

参考　《钢结构设计标准》GB 50017—2017 第 14.4.2 条。

3.11 倒三角形空间管桁架是否需要考虑整体稳定？

答：管桁架：是指用圆杆件在端部相互连接而组成的格构式结构。管桁架结构截面材料绕中和轴较均匀分布，使截面同时具有良好的抗压和抗弯扭承载能力及较大刚度，不用节点板，构造简单。

空间管桁架稳定性的影响因素：宽高比及高跨比对空间管桁架的稳定性有较大影响。空间倒三角形管桁架结构中，三角形截面的高度和宽度会极大地影响其承载力，高跨比的增大可以提高管桁架的稳定承载力。

需要考虑整体稳定，上下弦杆、腹杆的计算长度均可取节间长度。整体稳定计算可参考格构式构件的相关要求或采用整体屈曲分析。

 参考 《空间网格结构技术规程》JGJ 7—2010 第 4.1 节。

3.12　如何考虑钢构件受扭承载力的因素？

答：受扭构件受力复杂，尽可能采用闭口截面，少采用开口截面。钢结构设计尽量避免构件受扭，当不可避免时，可参考国外标准进行设计，并使用能计算构件扭转效应的软件。

除了抗扭强度的影响外，对许多轴来说，还要考虑刚度对抗扭能力的影响，即在轴满足强度条件下，还要使轴避免产生过大的扭转变形。我们把抗扭转变形的能力称为抗扭刚度。

扭矩：使物体发生转动的一种特殊的力矩，等于力和力臂的乘积。扭转是构件的基本受力形式之一，如果荷载偏离梁的轴线，便在梁中产生扭矩。研究证实，扭矩的存在可使梁的受弯承载力降低，同时承受剪力和扭矩的梁受剪承载力低于单独受剪时的承载力，受扭承载力低于单独受扭时的承载力。

受扭构件受力复杂，尽可能采用闭口截面，少采用开口截面。

受扭承载力：构件抵抗旋转的能力。

提高受扭能力的方法：
1.合理选用截面，提高轴的抗扭截面系数 W_n。
2.合理安排受力情况，降低最大扭矩。

参考　欧洲规范 EC3 part1.1，ANSI/AISC 360-10。

3.13 轴心受压构件的有效截面系数如何取值?

答:H形、工字形、箱形和单角钢截面轴心受压构件的有效截面系数 ρ 可按下列规定计算:

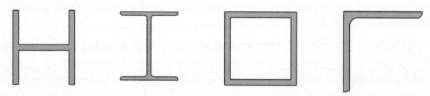

H形、工字形、箱形钢:

1)当 $b/t \leqslant 42\varepsilon_k$ 时: $\rho=1.0$
2)当 $b/t \geqslant 42\varepsilon_k$ 时:

$$\rho=\frac{1}{\lambda_{n,p}}\left(1-\frac{0.19}{\lambda_{n,p}}\right)$$

$$\lambda_{n,p}=\frac{b/t}{56.2\varepsilon_k}$$

当 $\lambda>52\varepsilon_k$ 时:

$$\rho \geqslant (29\varepsilon_k+0.25\lambda)\,t/b$$

式中:b、t——分别为壁板或腹板净宽度和厚度;
ε_k——钢号修正系数,其值为235与钢材牌号中屈服点数值的比值的平方根。

单角钢:

1)当 $w/t>15\varepsilon_k$ 时:

$$\rho=\frac{1}{\lambda_{n,p}}\left(1-\frac{0.1}{\lambda_{n,p}}\right)$$

$$\lambda_{n,p}=\frac{\omega/t}{16.8\varepsilon_k}$$

2)当 $\lambda>80\varepsilon_k$ 时:

$$\rho \geqslant (5\varepsilon_k+0.13\lambda)\,t/w$$

式中:w——角钢的平板宽度,简要计算时 w 可取为 $b-2t$。

轴心受压构件:纵向压力作用线与构件截面形心轴线重合的构件。而实际轴心压杆有多种初始缺陷,如初始弯曲、初始偏心、残余应力、材料不均匀,使得实际轴心压杆与理想轴心压杆之间存在很大区别,所以实际工程中理想的轴心受压构件是不存在的。

截面系数:用于描述构件截面形状或尺寸,对构件受弯矩、受扭矩等有影响的物理量。用以计算构件的抗弯强度和抗扭强度,或者用以计算在给定的弯矩或扭矩条件下截面上的最大应力。

有效截面系数:用于体现屈曲后强度的利用,顾名思义就是虽然屈曲了,强度还可以利用。因为腹板张力形成拉力场,和横向加劲肋、上下翼缘构成桁架体系,桁架受力充分,还能继续承载。此有效截面系数仅用于腹板,翼缘不利用屈曲后强度,因为翼缘一般比较厚,厚的板件利用的潜力不大。

参考 《钢结构设计标准》GB 50017—2017 第 7.3.4 条。

3.14　压弯构件的轴力和长细比限值之间有何关系？

答：长细比限值跟轴压比在某种情况下有关，比如《建筑抗震设计规范》GB 50011—2010（2016 年版）规定厂房框架柱的长细比，轴压比小于 0.2 时，不宜大于 150，轴压比不小于 0.2 时，不宜大于 $120\sqrt{235/f_{ay}}$。

压弯构件：构件同时受到沿杆轴方向的压力和绕截面形心主轴的弯矩作用，称为压弯构件。如果只有绕截面一个形心主轴的弯矩，称为单向压弯构件；绕两个形心主轴均有弯矩，称为双向压弯构件。弯矩由偏心轴力引起的压弯构件也称作偏压构件。

长细比：是指杆件的计算长度与杆件截面的回转半径之比。为什么要控制长细比呢？其一是稳定计算的要求，长细比过大则稳定计算通不过；其二是对框架水平位移的控制。前者属于承载力问题，后者则是刚度要求。拉杆也要控制长细比，拉杆长细比太大，在施工中很容易变形，不便于制作、运输和安装。

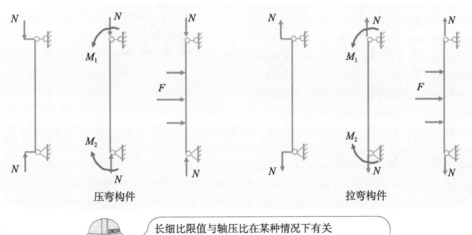

压弯构件　　　　　　　　　　　拉弯构件

长细比限值与轴压比在某种情况下有关

轴压比 $\dfrac{N}{Af_c}$ <0.2时，长细比 $\dfrac{l_0}{i}$ ≤150

轴压比 $\dfrac{N}{Af_c}$ ≥0.2时，长细比 $\dfrac{l_0}{i}$ ≤120 $\sqrt{235/f_{ay}}$

参考　《建筑抗震设计规范》GB 50011—2010（2016 年版）第 9.2.13 条。

3.15 压弯构件稳定计算时的轴压力如何取值?

答：取所计算构件范围内轴心压力设计值，若该值沿构件长度有变化，则取该范围内的最大值。

取所计算构件范围内轴心压力设计值，若该值沿构件长度有变化，则取该范围内的最大值。

单向压弯   双向压弯

轴压力：杆件处于受压状态时，受到外界施加的、方向垂直于截面并指向截面内部的力称为轴压力。

 参 考 《钢结构设计标准》GB 50017—2017 第 8.1.1 条。

第 4 章

连接和节点

4.1 如何选择钢管之间连接焊缝的类型?

答：钢管间的焊接一般采用高频焊、自动焊或半自动焊。在现场施工时，对于钝角处的对接焊缝和锐角处的角接焊缝，大多采用手工焊。

钢管按其制作方式分为三大类：

（1）冷成型的直缝钢管、螺旋缝焊接管及热轧管；

（2）采用冷弯型钢或热轧钢板、型钢焊接成型的管；

（3）采用钢板或型钢组合，通过壁板间全熔透焊缝连接成型的管。

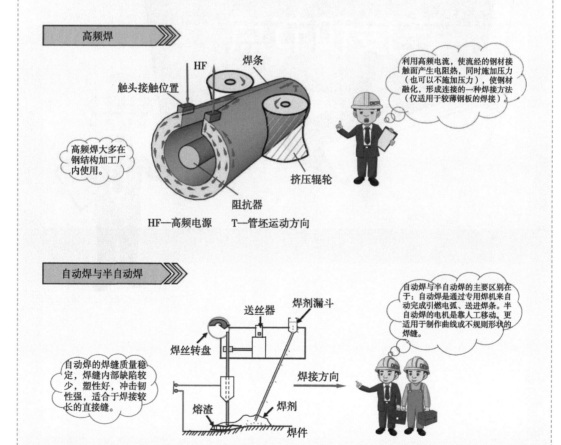

| 高频焊 |

HF

焊条

触头接触位置

利用高频电流，使流经的钢材接触面产生电阻热，同时施加压力（也可以不施加压力），使钢材融化，形成连接的一种焊接方法（仅适用于较薄钢板的焊接）。

高频焊大多在钢结构加工厂内使用。

挤压辊轮

阻抗器

HF—高频电源　T—管坯运动方向

| 自动焊与半自动焊 |

送丝器

焊剂漏斗

焊丝转盘

自动焊与半自动焊的主要区别在于：自动焊是通过专用焊机来自动完成引燃电弧、送进焊条。半自动焊的电机是靠人工移动，更适用于制作曲线或不规则形状的焊缝。

自动焊的焊缝质量稳定，焊缝内部缺陷较少，塑性好，冲击韧性强，适合于焊接较长的直接缝。

焊接方向

熔渣

焊剂

焊件

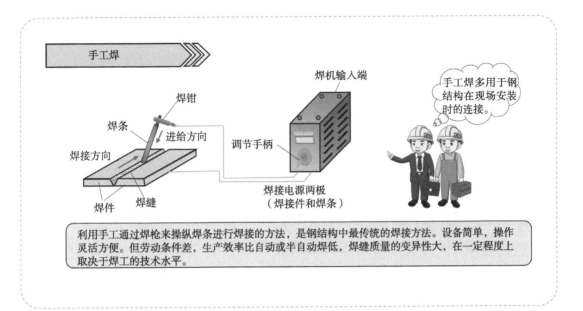

利用手工通过焊枪来操纵焊条进行焊接的方法，是钢结构中最传统的焊接方法。设备简单，操作灵活方便。但劳动条件差，生产效率比自动或半自动焊低，焊缝质量的变异性大，在一定程度上取决于焊工的技术水平。

 《钢结构设计标准》GB 50017—2017 第 15.2.1 条。

4.2 什么情况下采用塞焊或槽焊？

答：塞焊或槽焊用于角焊缝搭接连接或盖板连接中，以提高受剪承载力。也常用于局部外贴钢板的连接，以及避免钢板局部平面外鼓曲的约束连接。

塞焊或槽焊：在被连接件上开圆孔或长槽孔，然后在孔中焊接，并用焊剂填满孔形的一种连接方式。焊缝的受力状态和破坏模式与角焊缝相近，应按承受剪力作用设计，不能用于直接承受拉力作用的情况。

受力塞焊缝的尺寸需要根据贴合面上承受的剪力计算确定。《钢结构设计标准》GB 50017—2017 给出的公式主要针对受剪力作用的焊缝，用于计算其受剪承载力。塞焊和槽焊的焊缝尺寸、间距、焊缝高度应符合下列规定：

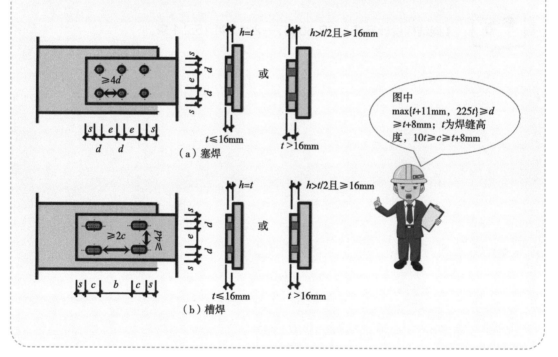

（a）塞焊

（b）槽焊

图中 $\max\{t+11\mathrm{mm}, 225t\} \geqslant d \geqslant t+8\mathrm{mm}$；$t$ 为焊缝高度，$10t \geqslant c \geqslant t+8\mathrm{mm}$

参考 《钢结构设计标准》GB 50017—2017 第 11.3.7 条。

4.3　为什么角焊缝的抗剪强度高于母材？

答：因为对接焊缝是等强连接，焊缝的受力状态和抗剪强度均与母材相同，受力破坏一般发生在母材上，焊缝强度再提高也没意义。角焊缝是按照焊缝剪切破坏确定的折算强度，计算的是焊缝本身的承载力，焊缝强度可以按其实际性能来考虑。

将两个钢构件连接在一起时，常采用相互正交或斜交的形式，或将两个钢构件重叠并在一起，在边缘处焊接，这种情况采用的焊缝呈三角形，称为角焊缝，其形状有凹面、平面或凸面等。

角焊缝在各个方向的受力本质上是一样的，都相当于是剪切破坏，所以其抗拉、抗压和抗剪强度值是相同的。

对接接头　搭接接头　角接接头　T形接头
角焊缝　　　角焊缝　　　角焊缝　　　角焊缝

角焊缝的最小焊脚尺寸如表 4.1 所示。承受动荷载时，角焊缝的焊脚尺寸不宜小于 5mm。当被焊构件中较薄板的厚度 ≥ 25mm 时，为了保证焊接质量，一般需要局部开坡口。同时尽量不要把较厚板件焊接到较薄板件上。

表 4.1　角焊缝的最小焊脚尺寸

母材厚度 t（mm）	角焊缝最小焊脚尺寸 h_f（mm）
$t \leqslant 6$	3
$6 < t \leqslant 12$	5
$12 < t \leqslant 20$	6
$t > 20$	8

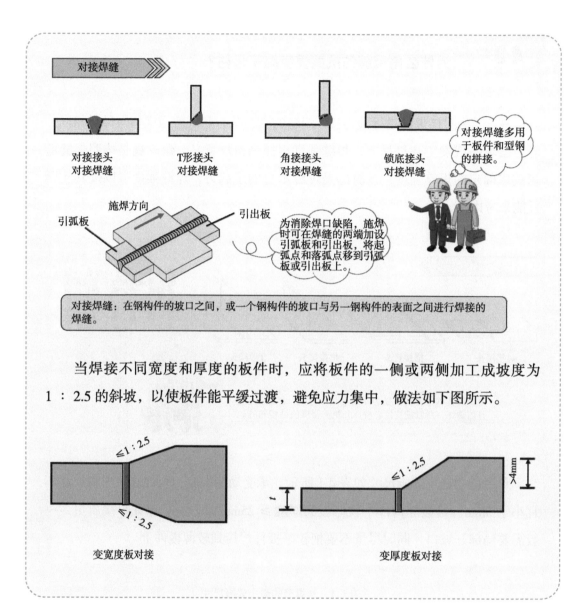

当焊接不同宽度和厚度的板件时，应将板件的一侧或两侧加工成坡度为 1 : 2.5 的斜坡，以使板件能平缓过渡，避免应力集中，做法如下图所示。

 参考 《钢结构设计标准》GB 50017—2017 第 11.3.2、11.3.3、11.3.5、11.3.6 条。

4.4 为什么角焊缝的强度设计值低于对接焊缝?

答：因为对接焊缝受力后的实际应力分布与所连接的板材基本相同，会发生受拉、受压、剪切破坏，而角焊缝的实际应力分布和破坏模式更复杂。为了简化计算，假设角焊缝无论受拉、受压、受剪都发生剪切破坏，对角焊缝强度设计值进行了折减。

我国规范计算假设对接焊缝的应力分布：试验检测表明，熔透的对接焊缝受力时，其实际应力分布与相同受力状态的钢材间差异很小。沿工形截面高度方向的对接焊缝应力分布与钢材相同，呈两端小、中间大的不均匀分布，计算得出的应力是真实的。因此在计算一、二级全熔透对接焊缝时，所采用焊缝的截面形状、抗拉、抗压、抗剪强度设计值和应力分布状态与母材相同。只是考虑到焊接质量的不利影响，对三级对接焊缝的抗拉强度设计值进行了折减。

正面角焊缝的应力分布

σ_f

假设所有角焊缝都只受均匀分布的剪应力作用，并在有效截面上发生剪切破坏。

角焊缝的应力分布：对于强度等级为三级的常规角焊缝，其应力分布和破坏模式都比较复杂，难以进行精确的计算。

侧面角焊缝的应力分布

τ_f

这样处理只是为了用简单的方法来计算焊缝的实际承载力，并不是为了得出真实的应力。因此计算角焊缝采用的强度设计值比钢材略低。

表 4.2　Q235 和 Q355 钢材、对接焊缝和角焊缝强度设计值（N/mm²）

钢材				对接焊缝				角焊缝
牌号	厚度（mm）	抗拉、压、弯	抗剪	抗压	抗拉		抗剪	抗拉、压、剪
					一、二级	三级		
Q235	≤ 16	215	125	215	215	185	125	160
	>16，≤ 40	205	120	205	205	175	120	
	>40，≤ 100	200	115	200	200	170	115	
Q355	≤ 16	305	175	305	305	260	175	200
	>16，≤ 40	295	170	295	295	250	170	
	>40，≤ 63	290	165	290	290	245	165	
	>63，≤ 80	280	160	280	280	240	160	
	>80，≤ 100	270	155	270	270	230	155	

参 考　《钢结构设计标准》GB 50017—2017 第 4.4.1、4.4.5 条。

4.5　如何选择 T 形焊接接头的焊缝形式？

答：若连接件相互垂直，应采用直角角焊缝。若连接件不相互垂直，应采用斜角角焊缝。如连接处对焊缝的承载能力要求较高，则采用部分焊透的对接焊缝与角焊缝相组合的焊缝。

在钢结构中选择 T 形焊接接头时，一般存在以下三种情况：

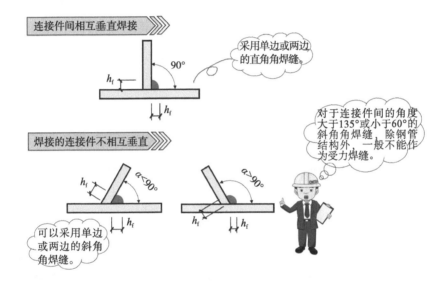

连接件间相互垂直焊接

采用单边或两边的直角角焊缝。

焊接的连接件不相互垂直

对于连接件间的角度大于135°或小于60°的斜角角焊缝，除钢管结构外，一般不能作为受力焊缝。

可以采用单边或两边的斜角角焊缝。

连接处对焊缝的承载能力要求较高

其他情况下的焊缝可以采用三级。

厚度（mm）	坡口名称	坡口尺寸		
		间隙 c（mm）	钝边 p（mm）	坡口角度 α（°）
20~40	T 形接头对称 K 坡口	0~3	2~3	45~55

当用于直接承受动荷载且需要疲劳验算的结构，起重量不小于50t的中级工作制吊车梁，以及梁柱连接、牛腿等重要节点，焊缝的质量等级不应低于二级。

参考　《钢结构设计标准》GB 50017—2017 第 11.1.6、11.2.1、11.2.4 条。

4.6　如何理解节点拼接处并非全部直接传力?

答:当节点处的作用力不是全部通过构件直接传力,而是通过诸如焊缝、螺栓等连接方式间接传力时,就是非全部直接传力。对于这类节点中存在的危险截面,要乘以有效截面系数进行折减。

危险截面:指节点中传力效果最差处的截面,也就是受力最薄弱的部位。设计时要根据构件和连接节点的受力状态、部位来确定危险截面的位置。

有效截面系数:对于轴心受拉和受压构件,若其组成板件在节点或拼接处并非全部直接传力,当进行构件截面强度计算时,应将危险截面的面积乘以有效截面系数 η。

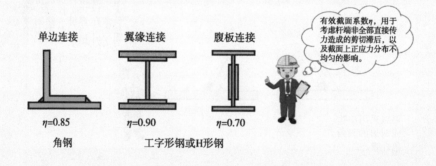

有效截面系数 η,用于考虑杆端非全部直接传力造成的剪切滞后,以及截面上正应力分布不均匀的影响。

单边连接　　翼缘连接　　腹板连接

$\eta=0.85$　　$\eta=0.90$　　$\eta=0.70$

角钢　　　工字形钢或H形钢

参考　《钢结构设计标准》GB 50017—2017 第 7.1.1、7.1.3 条。

4.7 《钢结构设计标准》中怎么考虑对焊缝计算长度的折减？

答：对于对接焊缝，考虑到起灭弧造成的焊接缺陷，焊缝的计算长度要减去 2 倍的板件厚度。对于角焊缝，实际长度超过 60 倍焊脚尺寸时，考虑到长焊缝受力的不均匀性，计算长度应进行折减，折减后的长度不能超过 180 倍焊脚尺寸。

焊缝计算长度 l_w 如下图所示，对其折减要求主要有：

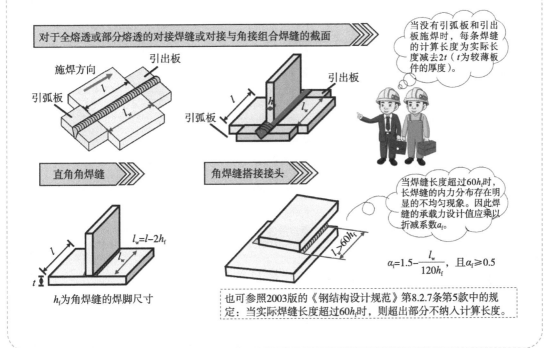

对于全熔透或部分熔透的对接焊缝或对接与角接组合焊缝的截面

施焊方向

引出板

引弧板

引出板

引弧板

当没有引弧板和引出板施焊时，每条焊缝的计算长度为实际长度减去 $2t$（t 为较薄板件的厚度）。

直角角焊缝

角焊缝搭接接头

$l_w = l - 2h_f$

h_f 为角焊缝的焊脚尺寸

$l_w > 60h_f$

当焊缝长度超过 $60h_f$ 时，长焊缝的内力分布存在明显的不均匀现象。因此焊缝的承载力设计值应乘以折减系数 α_f。

$$\alpha_f = 1.5 - \frac{l_w}{120h_f}, \quad 且 \alpha_f \geqslant 0.5$$

也可参照 2003 版的《钢结构设计规范》第 8.2.7 条第 5 款中的规定：当实际焊缝长度超过 $60h_f$ 时，则超出部分不纳入计算长度。

参考 《钢结构设计标准》GB 50017—2017 第 11.2.2、11.2.6 条，《钢结构设计规范》GB 50017—2003 第 8.2.7 条。

4.8 单边连接的单角钢强度如何进行折减?

答:单边连接的单角钢轴心受力构件强度设计值要折减 0.85 倍,稳定计算时按《钢结构设计标准》GB 50017—2017 给出的公式计算折减系数,同时还要注意判断所验算的截面是否为危险截面。

对于单边连接的单角钢(如下图所示),荷载从节点板或弦杆的腹板传过来,不经过构件截面的形心,会造成传力的偏心。应采用如下方式进行折减:

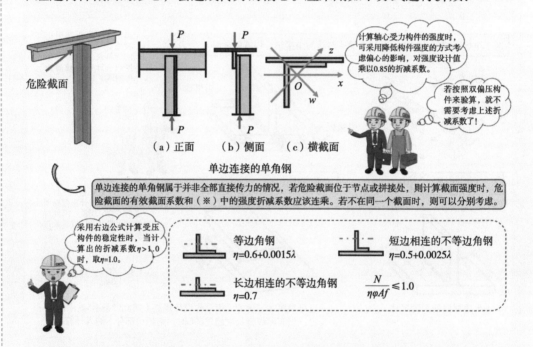

危险截面

计算轴心受力构件的强度时,可采用降低构件强度的方式考虑偏心的影响,对强度设计值乘以0.85的折减系数。

若按照双偏压构件来验算,就不需要考虑上述折减系数了!

(a)正面 　　(b)侧面 　　(c)横截面

单边连接的单角钢

单边连接的单角钢属于并非全部直接传力的情况,若危险截面位于节点或拼接处,则计算截面强度时,危险截面的有效截面系数和(※)中的强度折减系数应该连乘。若不在同一个截面时,则可以分别考虑。

采用右边公式计算受压构件的稳定性时,当计算出的折减系数η>1.0时,取η=1.0。

等边角钢
$\eta=0.6+0.0015\lambda$

短边相连的不等边角钢
$\eta=0.5+0.0025\lambda$

长边相连的不等边角钢
$\eta=0.7$

$$\frac{N}{\eta\varphi Af}\leq 1.0$$

对于单边连接的单角钢压杆,受压后在发生弯曲的同时还会出现扭转。为了保证杆件扭转刚度达到一定水平,避免过早失稳,要求当肢件宽厚比大于 $14\varepsilon_k$ 时,应对稳定承载力进行折减,折减系数 ρ_e 按下面的公式计算:

$$\rho_e=1.3-\frac{0.3w}{14t\varepsilon_k}$$

参考

《钢结构设计标准》GB 50017—2017 第 7.1.1、7.1.3、7.6.1、7.6.3 条。

4.9　圆钢管结构中如何计算支管端部压扁节点?

答: 支管端部压扁节点常用于小型或非主要承重结构中节点的连接, 分为 N 形、T 形、X 形和 K 形。可以通过简化公式计算节点处的承载力。

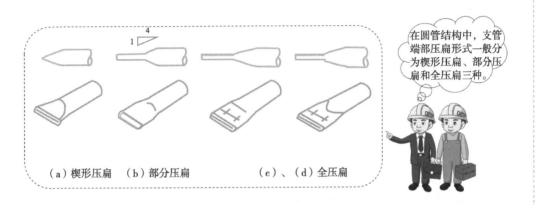

（a）楔形压扁　（b）部分压扁　　（c）、（d）全压扁

在圆管结构中, 支管端部压扁形式一般分为楔形压扁、部分压扁和全压扁三种。

根据节点压扁的形式, 计算节点处的承载力时主要有以下几种方法:

1. 支管端部为楔形压扁的 N 形节点

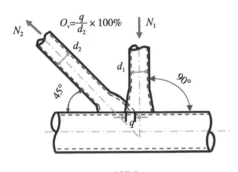

（1）受压支管在管节点处的承载力设计值应按下式计算;
（2）受拉支管在管节点处的承载力设计值是受压支管承载力设计值的 $\sqrt{2}$ 倍。

$$N_{cN}^{pj}=\left(16.8+64.96\beta^2-\frac{137.6}{\gamma}\right)\left(\frac{t_1}{d_1}\right)\gamma\varphi_n t^2 f$$

式中: $\varphi_n=1-0.2\sigma/f_y$, 且 $0\leqslant\dfrac{\sigma}{f_y}\leqslant0.8$。当节点两侧或一侧主管受拉时取 $\varphi_n=1$。

f 为主管钢材的抗拉、抗压和抗弯强度设计值;　　d 为主管外径;

f_y 为主管钢材的屈服强度;　　　　　　　　　　　d_1 为受压支管外径;

σ 为节点两侧主管轴心压应力的较小绝对值;　　　d_2 为受拉支管外径;

$\beta=d_1/d$, 为支管与主管外径之比;　　　　　　　t 为主管壁厚;

$\gamma=d/2t$, 为主管外径的一半与壁厚之比;　　　　 t_1 为受压支管壁厚。

上述公式的适用范围详见表4.3。

表 4.3　N 形节点支管几何参数的适用范围（主管为圆管）

$114\text{mm} \leqslant d \leqslant 168\text{mm}$	$42\text{mm} \leqslant d_1 \leqslant 90\text{mm}$	$\theta_1=90°,\ \theta_2=45°$ $t_1=t_2,\ d_1=d_2$
$3\text{mm} \leqslant t \leqslant 8\text{mm}$	$3\text{mm} \leqslant t_1 \leqslant 4.5\text{mm}$	$O_v \leqslant 75\%$
$7.0 \leqslant \gamma \leqslant 28.5$	$0.35 \leqslant \beta \leqslant 0.80$	$f_y \leqslant 345\text{N/mm}^2$

注：1. θ_1、θ_2 分别为支管 1、2 与主管的夹角；

　　2. O_v 为搭接率，$O_v=\dfrac{q}{d_2}\times100\%$。

2. 支管端部为部分压扁的 T 形、X 形和 K 形间隙节点（如下图所示）

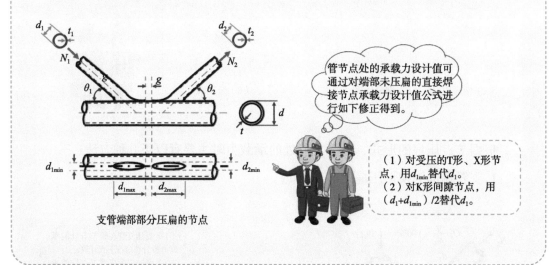

管节点处的承载力设计值可通过对端部未压扁的直接焊接节点承载力设计值公式进行如下修正得到。

（1）对受压的 T 形、X 形节点，用 $d_{1\text{min}}$ 替代 d_1。
（2）对 K 形间隙节点，用（$d_1+d_{1\text{min}}$）/2 替代 d_1。

支管端部部分压扁的节点

参考　《钢结构设计手册》（第四版）第 15.3.4 节。

4.10　是否需要计算节点域抗震时的屈服承载力？

答：需要计算。如果节点域不满足要求，地震时在梁端弯矩及剪力作用下，节点会产生过大的剪切变形，继而先于构件发生屈曲破坏。

当梁与柱铰接时，没有弯矩传递至柱腹板或翼缘，也就不存在节点域超限问题。当梁与柱腹板（弱轴）刚性连接时，只要按构造要求在柱子另一侧设置水平加劲板，剪应力将传递至加劲板及其焊缝上，不会对柱腹板产生破坏，因此也不需要计算节点域的承载力。

梁端弯矩通过梁翼缘对柱腹板产生剪应力。由于柱翼缘和腹板均较薄，会产生不可忽视的剪切变形，变形过大将导致柱腹板屈服，从而节点破坏。

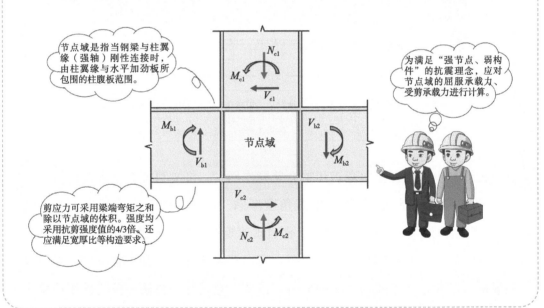

节点域是指当钢梁与柱翼缘（强轴）刚性连接时，由柱翼缘与水平加劲板所包围的柱腹板范围。

为满足"强节点、弱构件"的抗震理念，应对节点域的屈服承载力、受剪承载力进行计算。

剪应力可采用梁端弯矩之和除以节点域的体积。强度均采用抗剪强度值的 4/3 倍。还应满足宽厚比等构造要求。

 参考

《钢结构设计标准》GB 50017—2017 第 12.3.3、17.2.10 条，《建筑抗震设计规范》GB 50011—2010（2016 年版）第 8.2.5 条，《高层民用钢结构技术规程》JGJ 99—2015 第 6.2.5 条。

4.11 什么情况下需要考虑桁架节点次弯矩的影响？

答：对于杆件采用 H 形、箱形截面的桁架，当杆件较为短粗，且节点具有刚性连接的特征时，需要考虑节点刚性所引起的次弯矩。只有杆件细长的桁架，次弯矩值相对较小时，才能忽略其不利影响。

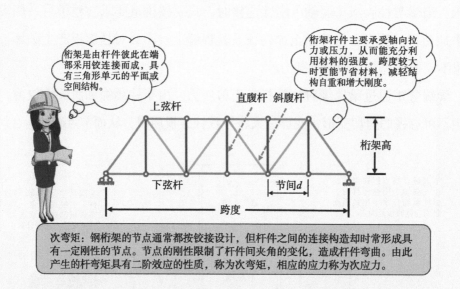

桁架是由杆件彼此在端部采用铰连接而成，具有三角形单元的平面或空间结构。

桁架杆件主要承受轴向拉力或压力，从而能充分利用材料的强度。跨度较大时更能节省材料，减轻结构自重和增大刚度。

上弦杆　　直腹杆　斜腹杆

桁架高

下弦杆　　节间d

跨度

次弯矩：钢桁架的节点通常都按铰接设计，但杆件之间的连接构造却时常形成具有一定刚性的节点。节点的刚性限制了杆件间夹角的变化，造成杆件弯曲。由此产生的杆弯矩具有二阶效应的性质，称为次弯矩，相应的应力称为次应力。

拉杆和少数压杆在次弯矩和轴力共同作用下，杆端可能会出现塑性铰，并产生塑性内力重分布。从工程实践角度考虑，弯曲次应力不宜超过主应力的20%，否则桁架会产生过大的变形。而且次弯矩对压杆稳定性的不利影响始终存在，即使次应力相对较小也不能忽视。现在常规的有限元分析软件都可以计算桁架的次弯矩，如 Midas、Sap2000 等。需要注意的是，桁架杆件要采用柱单元来定义。

参考 《钢结构设计标准》GB 50017—2017 第 8.5.1、8.5.2 条。

4.12 如何判别一个连接节点属于刚接、半刚接或铰接?

答:在常规钢结构中,仅通过腹板连接的节点为铰接,腹板和上下翼缘同时连接的节点为刚接,端板连接的节点为半刚接。还可以通过计算转动刚度来进行更为精确的判断。

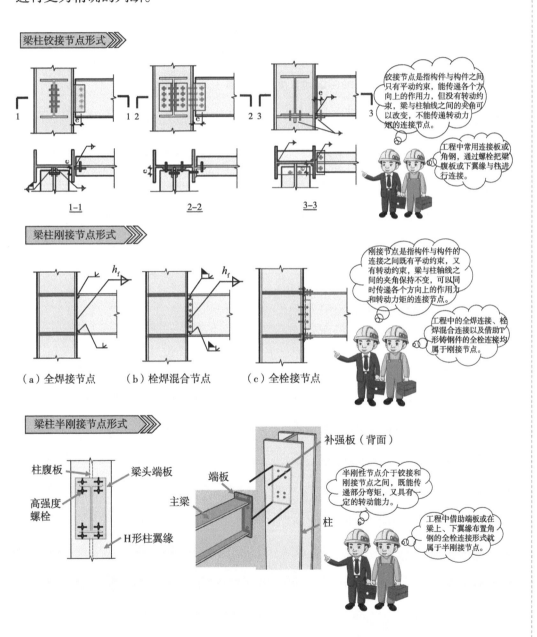

　　现实中钢结构的连接并无绝对的刚接与铰接，大部分节点形式属于半刚接。但为了降低计算难度，在传统的分析与设计中，连接节点常被简化为理想的铰接节点或刚接节点。一般认为连接对转动的约束达到理想刚接的 90% 以上时，可视为刚接。在外力作用下，梁柱轴线夹角的改变量达到理想铰接的 80% 以上时，可视为铰接。

参考　　《多高层建筑钢结构设计》（李国强著）第9.3节。

4.13　支座通过长圆孔滑动时应选择什么类型的螺栓?

答：长圆孔滑动支座应优先选用承压型高强螺栓。对于受力不大的支座，也可以采用符合承载力要求的普通螺栓。

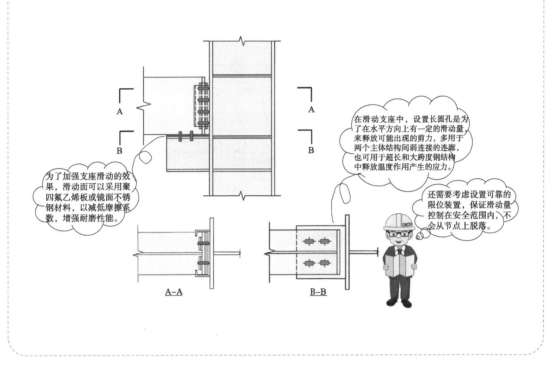

为了加强支座滑动的效果，滑动面可以采用聚四氟乙烯板或镜面不锈钢材料，以减低摩擦系数，增强耐磨性能。

在滑动支座中，设置长圆孔是为了在水平方向上有一定的滑动量来释放可能出现的剪力，多用于两个主体结构间弱连接的连廊，也可用于超长和大跨度钢结构中释放温度作用产生的应力。

还需要考虑设置可靠的限位装置，保证滑动量控制在安全范围内，不会从节点上脱落。

A—A

B—B

 参考　《门式刚架轻型房屋钢结构技术规范》GB 51022—2015 第 6.3.1 条。

4.14 如何确定高强度螺栓的间距、边距和端距?

答：高强度螺栓在排布时尽量采用紧凑布置，其连接中心要与被连接构件截面的重心尽量一致。螺栓的间距、边距和端距容许值详见表4.4。

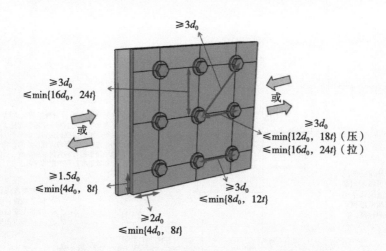

表4.4 高强度螺栓的孔距和边距的容许间距

名称	位置和方向			最大容许距离（取两者中的小值）	最小容许距离
中心距离	外排（垂直内力方向或顺内力方向）			$8d_0$ 或 $12t$	$3d_0$
	中间排	垂直内力方向		$16d_0$ 或 $24t$	
		顺内力方向	构件受压力	$12d_0$ 或 $18t$	
			构件受拉力	$16d_0$ 或 $24t$	
	沿对角线方向			—	
中心至构件边缘距离	顺内力方向			$4d_0$ 或 $8t$	$2d_0$
	垂直内力方向	剪切边或手工气割边			$1.5d_0$
		轧制边自动精密气割或锯割边	高强度螺栓		
			其他螺栓或铆钉		$1.2d_0$

注：d_0 为螺栓或铆钉的孔径，对槽孔为短向尺寸；t 为外层较薄板件的厚度。

最小边距：对高强度螺栓最小边距的限制，目的是为了避免接头的最外排螺栓孔处发生连接撕裂破坏。

最小间距：对高强度螺栓最小间距的限制，目的是避免相邻两个螺栓孔之间发生连接板撕裂破坏，同时保证螺栓施拧所需的空间。

最大间距、边距和端距：对高强度螺栓最大间距、边距和端距的控制，目的是避免连接板之间出现间隙，潮气侵入发生锈蚀，同时避免两个螺栓之间的连接板在接头内力作用下发生鼓曲。如果设计要求的螺栓数量较少，排布后超过了最大间距、边距或端距要求，应增补螺栓数量。

最大螺栓直径：《钢结构设计标准》中建议采用的最大螺栓直径是 M30。如采用更大直径的高强度螺栓，可参照上述原则控制螺栓的边距和间距，或通过必要的专项试验和分析来确定。

参考　　《钢结构设计标准》GB 50017—2017 第 11.5.2 条。

4.15 高强度螺栓的承载力和预拉力之间有关系吗?

答:摩擦型高强度螺栓的承载力和预拉力密切相关,预拉力的大小直接影响螺栓的受剪和受拉承载力。承压型高强度螺栓的承载力和预拉力无关。

摩擦型高强度螺栓的受剪承载力计算公式:$N_v^b = k_1 k_2 n_f \mu P$

摩擦型高强度螺栓沿螺杆轴向的受拉承载力计算公式:$N_t^b = 0.8P$

式中:k_1——系数,对冷弯薄壁型钢结构(板厚 $t \leqslant 6mm$)取 0.8;其他情况取 0.9;

    k_2——孔型系数,标准孔取 1.0,大圆孔取 0.85,荷载与槽孔长方向垂直时取 0.7,平行时取 0.6;

    n_f——传力摩擦面数目;

    μ——摩擦面的抗滑移系数,应按表 4.5 和表 4.6 选用;

    P——每个高强度螺栓的预拉力(kN),应按表 4.7 选用。

表 4.5　钢材摩擦面的抗滑移系数 μ

连接处构件摩擦面的处理方法		构件的钢材牌号			
		Q235	Q355	Q390	Q420
普通钢结构	喷砂(丸)	0.45	0.50		0.50
	喷砂(丸)后生赤绣	0.45	0.50		0.50
	钢丝刷清除浮锈或未经处理的干净轧制面	0.30	0.35		0.40
冷弯薄壁型钢结构	喷砂(丸)	0.40	0.45	—	—
	热轧钢材轧制表面清除浮锈	0.30	0.35	—	—
	冷轧钢材轧制表面清除浮锈	0.25	—	—	—

表 4.6　涂层摩擦面的抗滑移系数 μ

涂层类型	钢材表面处理要求	涂层厚度(μm)	抗滑移系数
无机富锌漆	Sa2 $\frac{1}{2}$	60~80	0.40
锌加底漆(ZINGA)			0.45
防滑防锈硅酸锌漆		80~120	0.45
聚氨酯富锌底漆或醇酸铁红底漆	Sa2 及以上	60~80	0.15

表 4.7　一个高强度螺栓的预拉力 P（kN）

螺栓的性能等级	螺栓规格						
	M12	M16	M20	M22	M24	M27	M30
8.8s	45	80	125	150	175	230	280
10.9s	55	100	155	190	225	290	355

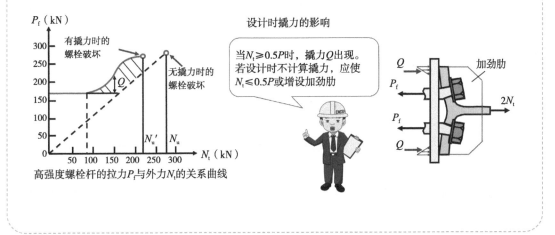

设计时撬力的影响

当 $N_t \geqslant 0.5P$ 时，撬力 Q 出现。若设计时不计算撬力，应使 $N_t \leqslant 0.5P$ 或增设加劲肋

有撬力时的螺栓破坏

无撬力时的螺栓破坏

高强度螺栓杆的拉力 P_f 与外力 N_t 的关系曲线

 参 考　《钢结构高强度螺栓连接技术规程》JGJ 82—2011 第 3.2.4、3.2.5、4.4.1、4.1.2 条。

4.16 梁柱节点连接计算时选择"常用设计法"还是"精确设计法"？

答：对梁翼缘与柱的连接，"常用设计法"偏于安全。对梁腹板与柱的连接，"常用设计法"偏于不安全，"精确设计法"相对更为准确。应根据梁翼缘和全截面塑性抵抗矩之间的比值来选择。

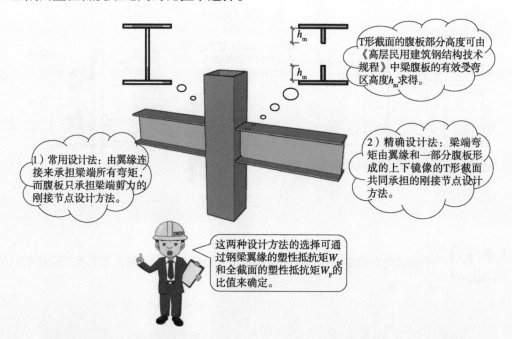

T形截面的腹板部分高度可由《高层民用建筑钢结构技术规程》中梁腹板的有效受弯区高度 h_m 求得。

1）常用设计法：由翼缘连接来承担梁端所有弯矩，而腹板只承担梁端剪力的刚接节点设计方法。

2）精确设计法：梁端弯矩由翼缘和一部分腹板形成的上下镜像的T形截面共同承担的刚接节点设计方法。

这两种设计方法的选择可通过钢梁翼缘的塑性抵抗矩 W_{pf} 和全截面的塑性抵抗矩 W_p 的比值来确定。

当该比值小于 0.7 时，可认为翼缘较弱，弯矩需由一部分腹板来传递，应采用"精确设计法"。而该值不小于 0.7 时，则可认为翼缘连接有足够的能力传递所有弯矩，应采用"常用设计法"。但是 0.7 的界限也并非绝对，一般计算软件会允许设计人员根据实际情况灵活选择设计方法，如下图所示。

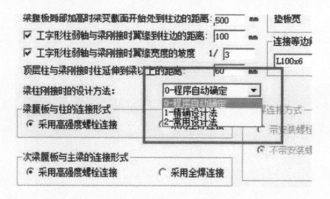

　　无论是"常用设计法"还是"精确设计法",连接计算都是从梁端的设计内力出发。也就是说,这两种方法都不是"等强连接"。要使节点的承载力大于构件的承载力,以满足"强节点弱构件"的抗震设计原则,就要以超过所连接构件承载力的内力进行节点设计。

 《高层民用建筑钢结构技术规程》JGJ 99—2015 第 8.2.3 条,《钢结构连接节点设计手册》(第二版)第 8.6 节。

4.17 钢结构的梁柱节点能偏心吗？

答：钢结构的梁柱节点一般不做成偏心，现行钢结构相关规范中的节点计算公式也不适用于偏心节点。特殊情况下出现偏心时，应进行专门研究，采取特殊的处理措施。

当钢结构梁柱节点出现偏心时，由于偏心而引起应力集中，使得节点核心区存在明显的三维扭转效应，导致偏心节点核心区的剪力相对于非偏心节点存在增大效应。

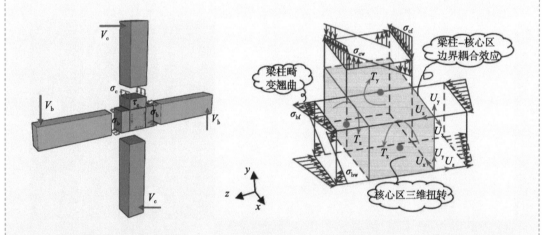

节点核心区板件的厚度、梁柱腹板厚度对节点的抗剪能力具有明显的影响。柱翼缘的厚度，梁的宽度、高度和柱高也对节点的承载力具有一定的影响。梁偏心对 H 形截面钢柱造成的不利影响尤为明显。若一定要采用偏心节点的话，钢柱最好选用矩形截面，抵御偏心影响的能力会稍强一些。对于形式复杂、受力较大的偏心节点，可以考虑采用整体成形的铸钢节点。

参考 《偏心钢结构节点梁柱－核心区受力机理研究》(施正捷, 李全旺, 樊建生)。

4.18 梁柱加强型节点的腹板是否可以采用单板连接？

答：可以采用，但抗震性能不如双板连接好。

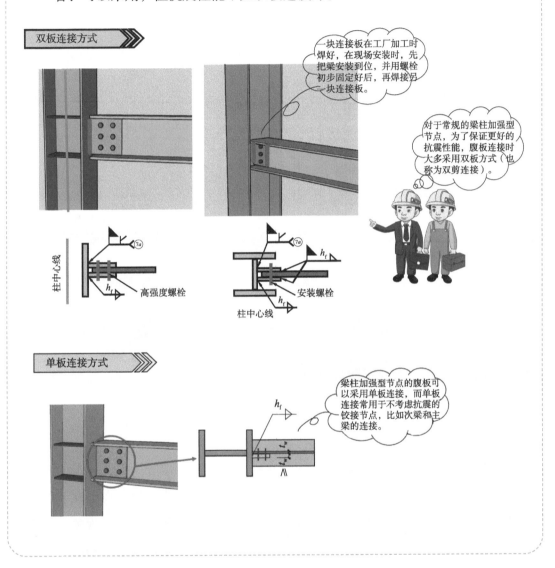

《多高层民用建筑钢结构节点构造详图》16G519。

4.19 钢管柱的梁柱节点处如何设置隔板?

答：当钢柱采用冷成形的矩形钢管时，应采用隔板贯通的方式。当钢柱采用拼接时，应采用钢柱壁板贯通的方式。

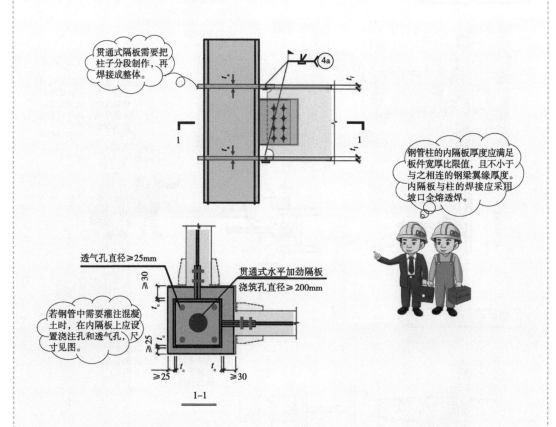

当与钢柱四面连接的梁高不一致，又相差不多时，为了避免在梁柱节点处把柱子切分得太碎，焊缝太多，增加工作量，并出现焊接应力集中现象，影响节点的承载能力，可以把高度和其他方向不一致的梁在端部做成变截面，连接到按另一个方向上梁高对应的隔板上，这样能有效减少梁柱节点处隔板的数量。构造做法如下图所示。

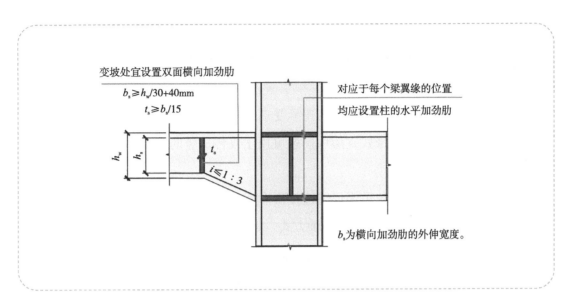

《多高层民用建筑钢结构节点构造详图》16G519。

4.20 刨平顶紧的连接方式用在什么情况下？

答：刨平顶紧的传力方式多用于承受动荷载的位置，比如用在吊车梁的横向加劲肋中，或用在突缘式支座中。也可用于仅传递竖向力的部位，比如柱的拼接、柱脚节点等。

刨平顶紧：为了避免采用焊缝连接出现疲劳裂纹，而采取增加接触面的面积，通过端面承压来传递荷载的一种方式。要求刨平面的平面度不大于 0.3mm，刨平面对轴线的垂直度不大于 1/1500，刨平面的表面粗糙度不大于 0.03mm。同时要求顶紧时的接触面不小于 75%，边缘最大间隙不大于 0.8mm。

刨平顶紧主要应用于以下几种情况：

（1）用于吊车梁的横向加劲肋。在支座处的横向加劲肋应在腹板两侧成对布置，并与梁上下翼缘刨平顶紧。在中部的横向加劲肋，对于重级工作制吊车梁，也应在腹板两侧成对布置。对于中、轻级工作制吊车梁，则可单侧布置或两侧错开设置。加劲肋的上端应与梁上翼缘刨平顶紧。

（2）用于吊车梁的突缘式支座。突缘板与牛腿上的支座板刨平顶紧，不与支座板焊接，目的是为了实现吊车梁在支座处的铰接，如下图所示。一般用于起重量小于 10t 的吊车梁。当起重量大于 10t 时，一般采用平板支座。

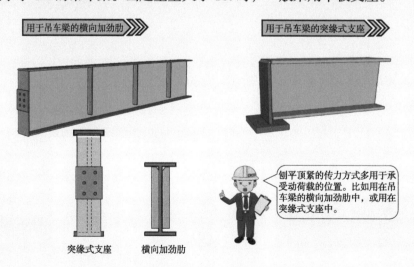

用于吊车梁的横向加劲肋　　　　用于吊车梁的突缘式支座

突缘式支座　　横向加劲肋

刨平顶紧的传力方式多用于承受动荷载的位置。比如用在吊车梁的横向加劲肋中，或用在突缘式支座中。

参考 《钢结构设计标准》GB 50017—2017 第 16.3.2 条，《12m 实腹式钢吊车梁》（重级工作制）05G514-2。

4.21 为什么外露式柱脚的受弯极限承载力经常算不够?

答：因为和柱根部的全截面塑性受弯承载力相比，外露式柱脚中地脚锚栓群的抗弯极限承载力明显偏小，除非柱脚的尺寸大、地脚锚栓的数量很多，直径很大。

（1）外露式柱脚：从力学性能上接近于半刚性连接，不能充分保证形成可转动塑性铰的机制。在地震作用下的破坏特征是锚栓剪断、拉断或拔出，因此多用于单层排架和低烈度区的多层框架结构。柱脚承载力算不够时，可以适当减少钢柱截面尺寸或钢材的强度等级，也可以适当加大地脚锚栓的规格和数量。

（2）埋入式（插入式）柱脚：当钢柱埋入（插入）混凝土基础中的深度不小于柱截面高度的 2 倍时，在柱根部截面比较容易满足塑性铰的要求。故一般适用于高层建筑或高烈度区的多层结构。

（3）外包式柱脚：柱脚的力学性能主要取决于外包的钢筋混凝土短柱。当短柱的配筋，特别是顶部箍筋足够强，并确保外包混凝土有足够的厚度时，就能保证在钢柱根部先出现塑性铰。因此同样适用于高层建筑或高烈度区的多层结构。

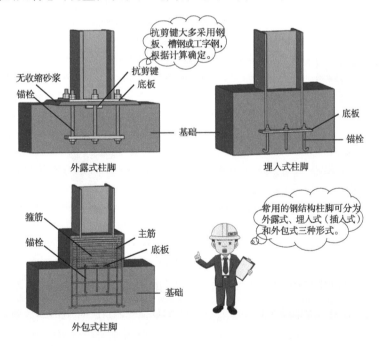

参考 《建筑抗震设计规范》GB 50011—2010（2016 年版）第 9.2.16 条，《高层民用建筑钢结构技术规程》JGJ 99—2015 第 8.6.1、8.6.2、8.6.3、8.6.4 条。

4.22 柱脚锚栓是否可以考虑抗剪？

答：一般情况下不利用柱脚锚栓来抗剪，当柱脚底板与混凝土之间的摩擦力不满抗剪要求时，可设置抗剪键。

钢柱底部的剪力主要通过底板与混凝土之间的摩擦力传递，摩擦系数可以取 0.4。当剪力大于底板下的摩擦力时，应设置抗剪键，由抗剪键承受全部剪力。常规情况下不考虑采用柱脚锚栓抗剪，是因为锚栓与底板孔之间的间隙较大，起不到限制位移的作用。若必须由柱脚锚栓来抵抗全部剪力，则要求底板上的锚栓孔直径不应比锚栓直径大 5mm，且锚栓的垫片下应设置盖板。盖板与柱底板焊接，并应保证焊缝的抗剪强度。

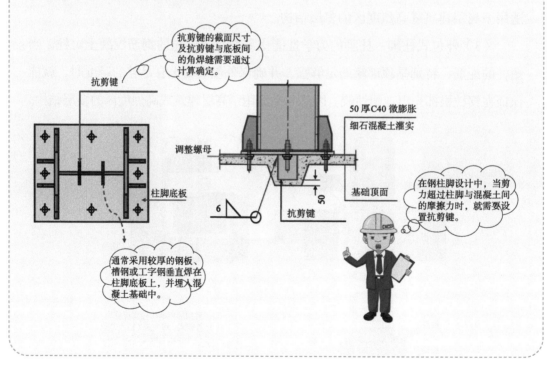

参考 《高层民用建筑钢结构技术规程》JGJ 99—2015 第 8.6.2 条，《门式刚架轻型房屋钢结构技术规范》GB 51022—2015 第 10.2.15 条。

4.23 钢结构埋入式柱脚的基础冲切高度如何取值？

答：埋入式柱脚基础的冲切高度一般是从钢柱底部算起。根据钢柱的尺寸、所承受的轴力和混凝土的强度等级来计算基础的抗冲切承载力。

冲切：在局部荷载或集中反力作用下，在板内产生正应力和剪应力，特别是在柱根四周合成较大的主拉应力。当主拉应力超过混凝土抗拉强度时，沿柱头四周出现斜裂缝，最后在板内形成锥体斜截面破坏。破坏形状像从板中冲切而成，因此称为冲切破坏（也称为双向剪切破坏），属于脆性破坏。

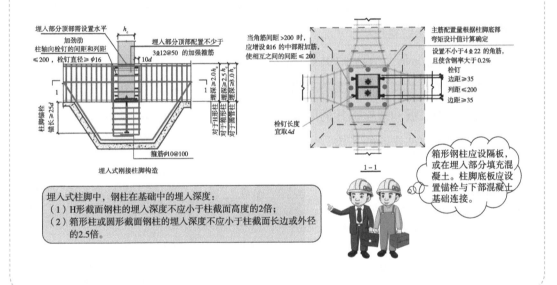

埋入式柱脚中，钢柱在基础中的埋入深度：
（1）H形截面钢柱的埋入深度不应小于柱截面高度的2倍；
（2）箱形柱或圆形截面钢柱的埋入深度不应小于柱截面长边或外径的2.5倍。

参考 《混凝土结构设计规范》GB 50010—2010（2015年版）第6.5.1条，《多高层民用建筑钢结构节点构造详图》16G519。

4.24 如何确定柱脚中地脚锚栓的长度？

答：地脚锚栓埋入混凝土基础中的长度不应小于 25 倍锚栓直径，在锚栓底部应设弯钩或锚板。在基础顶面的外露长度一般为 6~8 倍锚栓直径。

设置了锚栓的柱脚底板按抗弯连接设计，锚栓只考虑承受拉力，压力由柱脚底板直接传给混凝土基础。计算时一般取柱脚荷载组合中的最大弯矩 M_{max} 和相对应的最小轴力 N_{min}。

地脚锚栓的长度分为两大部分：一是埋入混凝土基础中的长度，二是在基础顶面上的外露长度。锚栓端部直钩的长度不小于 4 倍的锚栓直径，锚板厚度不小于 1.3 倍的锚栓直径。

地脚锚栓在混凝土基础顶面以上的外露长度可分为以下三个部分：

（1）用于安装调平的二次浇灌层厚度，一般为 50mm；

（2）柱脚底板和螺栓垫片的厚度；

（3）螺栓顶部套丝的长度。

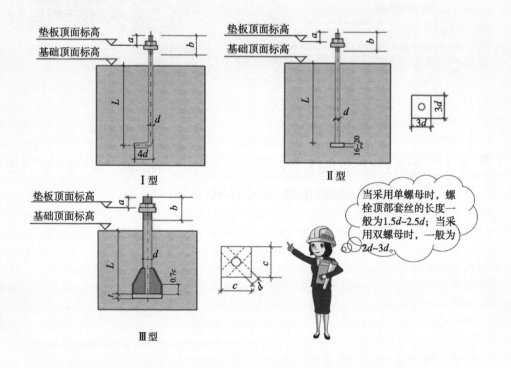

I 型

II 型

III 型

当采用单螺母时，螺栓顶部套丝的长度一般为1.5d~2.5d；当采用双螺母时，一般为2d~3d。

对于多层钢结构的柱脚，锚栓埋入基础中的长度可以适当减少，特别是当基础的混凝土强度等级较高时，但最好不要小于 20d。当受到其他因素所限，锚栓长度达不到要求时，可以采用在端部加大锚板或设置锚梁的方式。

《高层民用建筑钢结构技术规程》JGJ 99—2015 第 8.6.1 条，《钢结构设计手册》（第四版）第 13.8.1 节。

4.25 插入式钢柱脚能否按外包式柱脚设计?

答：插入式的钢柱脚可按外包式柱脚进行设计。插入式柱脚中，柱子的轴向力是由柱身与二次灌浆层间的剪力，以及柱底板的反力来承受。水平剪力及弯矩由二次灌浆层对柱翼缘接触的混凝土侧压力所产生的弯矩来平衡，作用力的传递机理与埋入式柱脚基本相同。利用钢柱侧面混凝土的支承反力形成的抵抗弯矩，和承压高度范围内混凝土抗力与钢柱弯矩和剪力的平衡关系，就可以得出保证钢柱与基础刚性连接的插入深度。

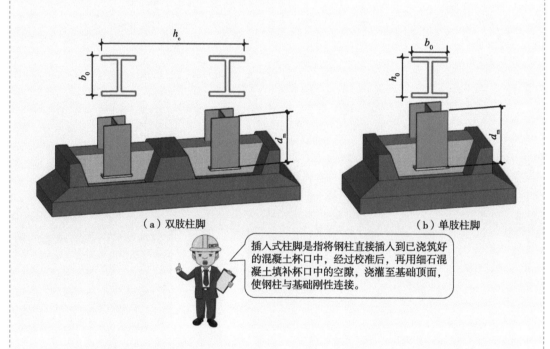

（a）双肢柱脚　　　　　　　　　　　　　（b）单肢柱脚

插入式柱脚是指将钢柱直接插入到已浇筑好的混凝土杯口中，经过校准后，再用细石混凝土填补杯口中的空隙，浇灌至基础顶面，使钢柱与基础刚性连接。

《钢结构设计标准》GB 50017—2017 中对于多高层结构框架柱的柱脚，以及单层厂房刚接柱脚都允许采用插入式柱脚。但《建筑抗震设计规范》GB 50011—2010（2016 年版）中没有给出插入式柱脚的相关规定。这种柱脚的构造简单、节约钢材、施工方便、安全可靠，目前在工业建筑中应用得较为广泛，在民用建筑中的应用不多。

对于实腹式钢柱，插入杯口内的深度应不小于 1.5 倍的钢柱截面长边尺寸。对于格构式钢柱，插入杯口的深度应不小于 0.5 倍柱截面长边尺寸和 1.5 倍柱截面短边尺寸的较大值。无论是什么类型的钢柱，插入深度都不应小于 500mm，也不宜小于吊装时钢柱长度的 1/20。钢柱脚底板距杯口底部的距离一般不小于 150mm，并应在底板上设置排气孔或浇筑孔。

 《钢结构设计标准》GB 50017—2017 第 12.7.10、12.7.11 条。

4.26　钢梁上托柱的柱脚节点采用梁贯通还是柱贯通的方式？

答：一般常采用梁贯通的方式。在某些特殊情况下，也可以采用柱贯通的方式，比如柱脚刚接的节点。

在钢梁上起钢柱，当用于结构局部加层或支撑楼梯时，柱脚不太容易做成刚接，采用铰接的居多。一般常采用梁贯通的方式，可以参考常规钢结构柱脚铰接的连接做法：钢柱底部加焊钢板，用螺栓或焊缝和钢梁连接，钢梁两侧腹板处与柱翼缘对应的位置应设加劲肋。若一定要采用刚接，应注意托柱的钢梁可能会承受钢柱脚处的平面外弯矩而受扭。最好在柱脚处与托柱梁垂直的方向上设置梁来平衡这个扭矩。

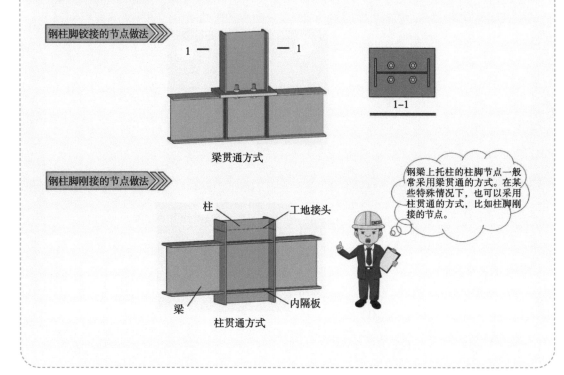

钢柱脚铰接的节点做法

1 —　— 1

1—1

梁贯通方式

钢柱脚刚接的节点做法

柱　　　工地接头

梁　　　内隔板

柱贯通方式

钢梁上托柱的柱脚节点一般常采用梁贯通的方式。在某些特殊情况下，也可以采用柱贯通的方式，比如柱脚刚接的节点。

4.27　钢柱脚中设置加劲板的作用是什么？

答：加劲板可以看作是柱脚底板的支撑，根据加劲板的设置方式，底板可以按两边或三边支承来考虑，增加底板抗弯刚度，改善底板应力分布，对于确定底板厚度有明显影响。

钢柱脚底板上加劲板的布置要根据对钢柱脚的要求来确定，是刚接还是铰接，是外露式、外包式还是埋入式。加劲板主要根据抗剪结果确定其尺寸和厚度，一般厚度不小于 12mm，并应与柱的板件厚度和底板厚度相协调。加劲板在平面上多采用对称布置。

加劲板一般采用坡口焊与柱翼缘等强连接，焊缝质量等级为二级。并采用焊脚高度不小于 8mm 的角焊缝与柱腹板和柱脚底板连接，连接角焊缝需要通过计算来确定，焊缝质量等级为三级。

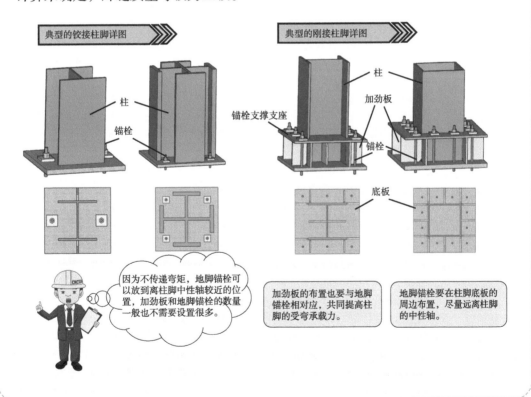

典型的铰接柱脚详图

典型的刚接柱脚详图

柱
锚栓
加劲板
锚栓支撑支座
锚栓
底板

因为不传递弯矩，地脚锚栓可以放到离柱脚中性轴较近的位置，加劲板和地脚锚栓的数量一般也不需要设置很多。

加劲板的布置也要与地脚锚栓相对应，共同提高柱脚的受弯承载力。

地脚锚栓要在柱脚底板的周边布置，尽量远离柱脚的中性轴。

参考　《钢结构设计手册》（第四版）第 13.8.2 节。

第 5 章

多高层钢结构

5.1 如何确定钢框架结构伸缩缝的最大间距?

答:钢框架结构最大温度区段长度为:220m(纵向),120m(横向且柱顶刚接),120m(横向且柱顶铰接、露天)。当结构的温度区段长度超过以上规定时,应考虑温度应力和温度变形的影响。

对于常规的工业和民用钢结构,其中的混凝土楼板,覆盖保温防水层的屋面板所处的环境类别基本属于"室内或土中"。这种情况下,若按混凝土结构的标准对钢结构设置伸缩缝,温度区段的长度有些偏小,给伸缩缝处的保温、防水、建筑处理等带来一定困难,也不利于发挥钢结构自身的优势。因此可以按《混凝土结构设计规范》的规定,仅对钢结构中的混凝土板进行分缝处理。可在适当位置的梁支座处设置宽度为 30~50mm 的伸缩缝。也可采用设置楼板后浇带等措施,适当加大伸缩缝的间距。还可通过温度应力的计算,适当增配抵抗温度作用的水平筋,消除使用阶段温度作用产生的不利影响,进一步加大伸缩缝间距,甚至不设缝。

标准表 3.3.5 温度区段长度值(m)

结构情况	纵向温度区段(垂直屋架或构架跨度方向)	横向温度区段(沿屋架或构架跨度方向)	
		柱为刚接	柱顶为铰接
采暖房屋和非采暖地区的房屋	220	120	150
热车间和采暖地区的非采暖房屋	180	100	125
露天结构	120	—	
维护构件为金属压型钢板的房屋	250	150	

规范表 8.1.1 钢筋混凝土结构伸缩缝最大间距(m)

结构类别		室内或土中	露天
排架结构	装配式	100	70
框架结构	装配式	75	50
	现浇式	55	35
剪力墙结构	装配式	65	40
	现浇式	45	30
挡土墙、地下室墙壁等类结构	装配式	40	30
	现浇式	30	20

➤ 对于围护结构为金属压型钢板的建筑,比如钢框架或排架,温度区段的最大长度可达250m(纵向)、150m(横向)。

➤ 对于门式刚架单层厂房,温度区段的最大长度更可达到300m(纵向)、150m(横向)。

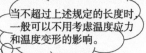

当不超过上述规定的长度时,一般可以不用考虑温度应力和温度变形的影响。

当屋面有高低起伏时,有利于释放温度应力,温度区段的长度可以适当增加。对于围护结构的伸缩缝,应根据围护材料的特点和相关规范的要求设置,既可以和主体结构设缝的位置一致,也可以独立设缝。

 参 考　《钢结构设计标准》GB 50017—2017 第 3.3.5 条,《混凝土结构设计规范》GB 50010—2010(2015 年版)第 8.1.1 条,《门式刚架轻型房屋钢结构技术规范》GB 51022—2015 第 5.2.4 条。

5.2 如何选择运动场馆中大跨度楼盖的结构体系？

答：若楼盖的平面长宽比接近或超过 1 ∶ 2 时，可选择单向受力的实腹钢梁、平面或立体钢桁架、钢 – 混凝土组合梁。若楼盖的平面长宽比在 1 ∶ 1 至 1 ∶ 1.5 之间时，可选择双向受力的桁架、网架、井字梁或密肋梁等。

除了要满足场馆人员运动时承载力和变形的要求外，还要注意对舒适度的有效控制。根据人运动激励下的动力响应，进行动力时程分析，以确定舒适度是否满足规范要求。当仅靠楼盖结构自身无法满足时，可以增设调谐质量阻尼器（Turned Mass Damper，简称为 TMD）进行被动消能减振控制。

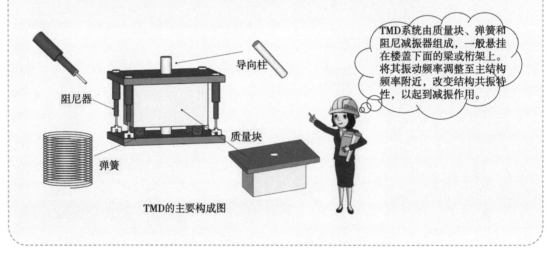

导向柱

阻尼器

弹簧

质量块

TMD系统由质量块、弹簧和阻尼减振器组成，一般悬挂在楼盖下面的梁或桁架上。将其振动频率调整至主结构频率附近，改变结构共振特性，以起到减振作用。

TMD的主要构成图

参　考　《高层民用建筑钢结构技术规程》JGJ 99—2015 第 3.5.7 条。

5.3 钢框架－支撑结构中的支撑布置有最大间距要求吗?

答:钢框架－支撑结构中,每层同一方向的支撑数量应不少于 2 根。支撑在平面上的最大间距没有明确的规定,可以参考混凝土框架－剪力墙结构中剪力墙的布置要求。但要提供给结构足够的刚度和抗扭能力,满足结构周期比、层间位移角、位移比等指标的要求。

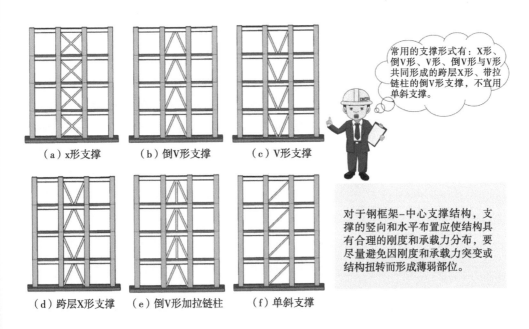

(a) x形支撑　　(b) 倒V形支撑　　(c) V形支撑

(d) 跨层X形支撑　　(e) 倒V形加拉链柱　　(f) 单斜支撑

常用的支撑形式有:X形、倒V形、V形、倒V形与V形共同形成的跨层X形、带拉链柱的倒V形支撑,不宜用单斜支撑。

对于钢框架－中心支撑结构,支撑的竖向和水平布置应使结构具有合理的刚度和承载力分布,要尽量避免因刚度和承载力突变或结构扭转而形成薄弱部位。

支撑的布置一般需要满足以下要求:

(1)要保证在正常使用条件下,考虑风荷载或多遇地震作用标准值的组合,按弹性方法计算的楼层层间最大水平位移与层高之比不要大于 1/250。

(2)纵横向支撑均应符合关于强支撑的规定。支撑结构层的侧移刚度(即施加于结构上的水平力与其产生的层间位移角的比值)应满足下式的要求:

$$S_b \geq 4.4 \left[\left(1 + \frac{100}{f_y} \right) \sum N_{bi} - \sum N_{0i} \right]$$

式中的 $\sum N_{bi}$、$\sum N_{0i}$ 分别为第 i 层层间所有框架柱用无侧移框架和有侧移框架柱计算长度系数算得的轴压杆稳定承载力之和(单位:N)。支撑构件还要满足对其承载力和构造方面的要求。

（3）对于为了解决结构扭转问题而在边角部设置少量支撑的钢框架结构，整体设计指标分析时可以按框架－支撑结构考虑，构件设计时应按框架结构和框架－支撑结构两种类型包络设计。

《钢结构设计标准》GB 50017—2017 第 8.3.1 条，《建筑抗震设计规范》GB 50011—2010（2016 年版）第 8.4.1、8.4.2 条。

5.4　多层钢框架结构柱如何选型?

答：对于常规的多层钢框架结构，一般采用 H 型钢柱、箱形、圆形柱。当结构层数较多，又要求柱截面不能太大时，可以采用矩形钢管或圆钢管。还可以根据承载能力的需要确定是否在钢管中灌注混凝土。对于荷载较大、层高较高的结构，特别是工业建筑，常采用格构柱的形式。在用钢量相同的情况下，格构柱可以增大截面的惯性矩和回转半径，提高柱子的刚度和稳定性。

钢柱在平面布置时，要注意调整沿强轴和弱轴方向的刚度差异。地震作用下往往是弱轴方向的水平位移起控制作用，必要时可以设置柱间支撑。

箱形、圆形柱　钢管中灌注混凝土　格构柱

多层钢框架结构柱一般采用H型钢柱、箱形、圆形柱。

选择钢材时，优先采用市场上常见的热轧型材，不但采购比较方便，而且还有一定的价格优势。但轧制型材有特定的规格，截面型号未必刚好满足所需，所以用钢量上不一定节省。如何选择要根据具体结构的情况、综合造价、采购和施工是否便利等因素综合判断。

当构件的承载能力按强度控制时，尽量选择高强度的钢材，比如 Q355、Q390 等。当按结构水平位移或压弯构件长细比控制时，可以采用较低强度的钢材，比如 Q235。

参考　　《钢结构设计标准》GB 50017—2017 第 4.3.1、4.4.1 条，《建筑抗震设计规范》GB 50011—2010（2016 年版）第 8.3.1 条。

5.5 多层钢结构是否可以采用铰接柱脚?

答:有抗震要求的多层钢结构一般采用刚接柱脚。要是采用铰接柱脚的话,应在纵横方向均设置柱间支撑,形成双重抗侧力结构体系来抵抗水平作用。

刚接柱脚:限制了柱脚处的六个自由度,即三个平动自由度和三个转动自由度。因此柱脚既能传递弯矩也能传递剪力,如下图所示。

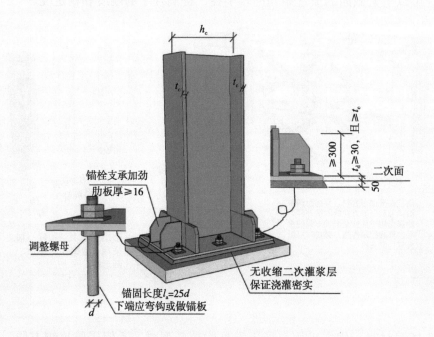

铰接柱脚:仅限制了柱脚处的三个平动自由度,而没有限制三个转动自由度。因此柱脚只能传递剪力和轴力而释放了弯矩,如下图所示。

刚接和铰接只是为了便于计算而假定的理想状态。实际上没有绝对的刚接和铰接,一般都是处于二者之间的弹性连接状态。支座的约束效果与其构造做法、相对刚度、连接方式等密切相关。

对主体结构而言,刚接和铰接柱脚最明显的区别就是对整体侧移的控制。当对侧移控制较为严格时,一般采用刚接柱脚,工程设计中一般存在如下几种情况:

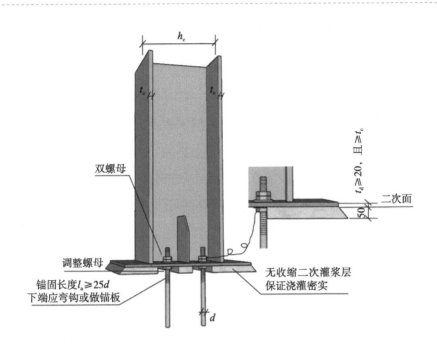

（1）对于带吊车的工业建筑，吊车运行中产生的水平力会对结构造成较大的侧移，严重时会导致吊车卡轨，影响正常运行，因此需要采用刚接柱脚。

（2）对于民用建筑，地震作用下侧移过大会产生明显的晃动，给使用者带来不安全感。严重时还会使建筑装修材料、机电设备管线开裂损坏，这样结构的柱脚应按刚接设计。

（3）当钢框架结构的柱脚采用铰接时，应在纵横方向均设置柱间支撑，通过刚性楼板或者弹性楼板的变形协调，使支撑与框架共同工作，形成双重抗侧力结构体系，增加结构刚度，抵抗水平作用，保证结构位移满足相关规范的要求。

 参考　《钢结构设计标准》GB 50017—2017 第 12.7.1 条，《多高层民用建筑钢结构节点构造详图》16G519。

5.6 多高层钢结构的钢柱是否需要延伸到地下一层?

答:对于有地下室的常规多高层结构,计算嵌固端优先选择设在地下一层顶板处。即使是由于室内外高差较大、首层楼板不完整、首层和地下一层的剪切刚度比不符合规范要求等原因,嵌固端下移到了地下一层底板,甚至基础顶面时,在地震作用下,竖向构件在首层地面处率先出现塑性铰的可能性依旧很大,应充分考虑这种可能性,对此处的抗震构件进行包络设计。

对于钢框架或框架 - 支撑结构,由于其地上主体结构的刚度明显小于以混凝土结构为主的地下室,嵌固端一般都会设在地下一层顶部,钢柱的柱脚采用

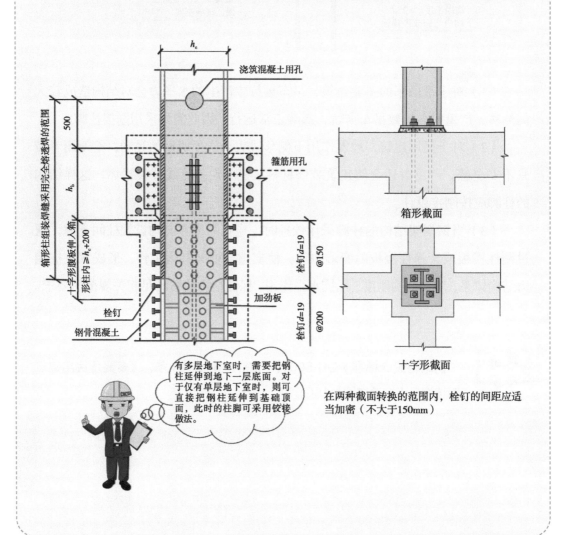

有多层地下室时,需要把钢柱延伸到地下一层底面。对于仅有单层地下室时,则可直接把钢柱延伸到基础顶面,此时的柱脚可采用铰接做法。

在两种截面转换的范围内,栓钉的间距应适当加密(不大于150mm)

刚接。当有抗震要求时，多采用外包式柱脚。若钢柱伸入地下一层的长度不小于 2.5 倍的钢柱长边尺寸，就可以认为达到了外包式刚接柱脚的要求。但此时钢柱脚位于地下室半层的位置，从浇筑混凝土柱的角度考虑，不利于施工组织。

当钢柱在地上部分为箱形或圆形截面时，可以在地下一层进行截面转换，改为十字形截面，更便于浇筑混凝土和穿钢筋。过渡段的构造做法详见下图。

 参考　《钢结构设计手册》（第四版）第 17.6.5 节。

5.7 报告厅内的看台需要考虑对整体结构刚度的影响吗？

答：若看台与主体结构采用固定支座连接，就需要考虑。若采用滑动支座连接，则可以不用考虑。

报告厅的看台斜板如果与整体框架做成一体，会引起本层刚度增大，产生明显的刚度突变。也会对与看台相连的框架柱计算长度产生不利影响，容易形成短柱。因此最好把看台做成钢结构的小框架，尽量减少对主体结构刚度的影响。看台结构只承担自身的恒活荷载，不参与主体的抗震。小框架柱的底部可以按铰接处理。

若看台采用板式结构承重，最好在板的下端采用滑动支座与主体结构连接。比较简单的做法可以参照标准图集 16G101-2 中 ATb、CTb 型楼梯段下端的滑动支座，即采用聚四氟乙烯板、塑料片或钢板 + 石墨粉作为滑动面。滑动的长度应不小于看台结构在罕遇地震下的最大位移，且看台上端应和主体结构可靠拉结，以免在地震时出现滑脱坠落的情况。

对于体量不是很大的报告厅或者多功能厅，还可以考虑采用成品的活动看台。需要时展开摆放，不需要时收拢到周边。这种情况下，看台就纯粹作为楼面上的设备来考虑。结构整体分析时只作为恒活荷载输入到模型中。

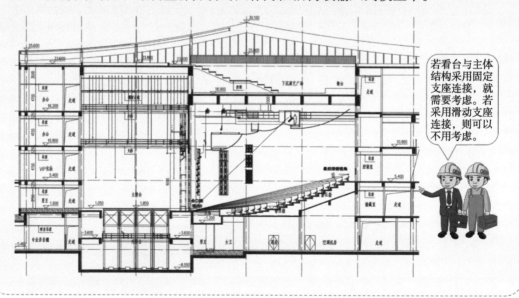

若看台与主体结构采用固定支座连接，就需要考虑。若采用滑动支座连接，则可以不用考虑。

参考 《混凝土结构施工图平面整体表示方法制图规则和构造详图》（现浇混凝土板式楼梯）16G101-2。

5.8 如何考虑连廊对主体结构的影响？

答：当连廊与主结构间采用弱连接时，可各自单独分析，主体结构通过端部的支座来承受连廊传来的作用力。当连廊与主结构间采用强连接时，应整体分析，按连体结构设计。

两个或多个主体结构间的钢结构连廊大多采用弱连接方式。即一端采用固定的铰支座，另一端采用单向或双向滑动的支座，如下图所示。

在这种情况下，对于主体结构而言，主要是通过支座来承受连廊传来的作用力。传给主体结构的荷载有竖向力和双向的弯矩。上述通过支座传递的作用力中，除了常规的恒活荷载，还要考虑风荷载、水平和竖向地震作用。特别是竖向地震作用不能忽略，有可能会对支座瞬间产生较大的拉力。支座的滑动范围要能满足与之相连的两个主体结构在罕遇地震下，此处最大绝对位移的平方和再开方的结果。

如果连廊与主体结构间采用强连接方式，即连廊两端均采用固定支座，能够有效传递竖向力、水平力和弯矩，则在计算分析时，应把连廊和与之连接的主体结构整体考虑，按连体结构的要求进行设计。

滑动支座

释放了单向或双向水平方向作用力。

连廊对主体结构的影响要区分是采用弱连接还是强连接哦！

固定铰支座

释放了单向或双向的弯矩，传给主体结构的荷载有竖向力、双向的水平力和平面外的弯矩。

 参考 《钢结构设计标准》GB 50017—2017 第 12.6.4 条。

5.9 如何选择与主体结构弱连接的连廊支座形式？

答：通常在连廊的一端采用单向或双向固定铰支座，在另一端采用单向或双向的滑动支座，用于释放连廊在温度应力和地震作用下产生的纵向变形。

与主体结构弱连接的连廊不能协调各主体结构间的共同工作，滑动端在荷载作用下会有一定的滑移量，因此需要在滑动支座中设置限复位装置，既能达到设计要求的滑移量，又能防止连廊的滑落或与主体结构发生碰撞而造成破坏。

橡胶支座是目前工程中最常用的支座形式之一，利用橡胶的剪切变形能力来达到预期的目的。可将较薄的橡胶垫块作为铰支座，较厚的橡胶垫块作为滑动支座。并在支座底板上开设一定长度的椭圆孔，当连廊产生变形时，就会带动支座在预设的椭圆孔内进行小范围滑动。构造做法如下图所示。

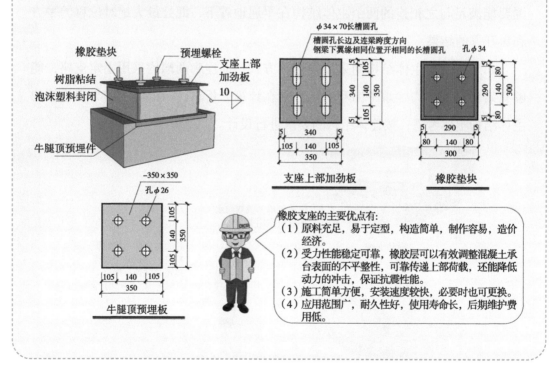

橡胶支座的主要优点有：
（1）原料充足，易于定型，构造简单，制作容易，造价经济。
（2）受力性能稳定可靠，橡胶层可以有效调整混凝土承台表面的不平整性，可靠传递上部荷载，还能降低动力的冲击，保证抗震性能。
（3）施工简单方便，安装速度较快，必要时也可更换。
（4）应用范围广，耐久性好，使用寿命长，后期维护费用低。

参考 《钢结构设计标准》GB 50017—2017 第 12.6.4 条。

5.10　无混凝土楼板或仅设钢楼板的钢框架或框架 – 支撑结构如何设计?

答: 由于钢板的平面内刚度较差,在整体计算时一般不能直接采用刚性楼板假定,除非是设置了较强的水平支撑。除了常规的计算方法,还可以采用直接分析法进行校核。对于没有清晰楼层的结构,主要控制关键点的绝对位移,如结构的顶点、平面的角点、沿竖向尺寸或刚度有明显突变的点。

对于各层无楼板或仅设花纹钢板的钢框架或框架 – 支撑结构,当钢板密铺在钢梁的受压翼缘上,并与之可靠连接,能阻止梁受压翼缘的侧向位移时,可以不计算钢梁的整体稳定性。轧制型钢梁已满足局部稳定的要求,不需要设加劲肋,仅需在集中荷载作用处或支座处设置支承加劲肋。焊接型钢梁的局部稳定主要通过设加劲肋和控制板的宽厚比来保证。

对于无楼板的钢框架结构,主梁在竖向和水平荷载组合下,会产生弯矩、剪力和轴力,一般属于拉弯或压弯构件,设计时需要控制长细比。特别是用于减少框架柱计算长度的钢梁,要保证足够的受压稳定性,一定要注意控制长细比不大于 200。

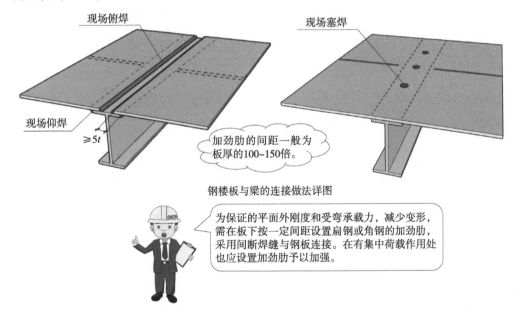

钢楼板与梁的连接做法详图

为保证的平面外刚度和受弯承载力,减少变形,需在板下按一定间距设置扁钢或角钢的加劲肋,采用间断焊缝与钢板连接。在有集中荷载作用处也应设置加劲肋予以加强。

 参考　《钢结构设计标准》GB 50017—2017 第 6.2.1 条,《建筑抗震设计规范》GB 50011—2010(2016 年版)第 8.1.8 条。

5.11 钢框架梁是否可以按组合梁设计？

答：在常规工程中，钢框架梁一般不按组合梁设计，钢次梁可以当作组合梁考虑。

组合梁：当钢结构中采用现浇钢筋混凝土楼板、压型钢板组合楼盖或钢筋混凝土叠合板，且楼板与钢梁间有可靠连接时（一般采用在钢梁上翼缘焊接抗剪栓钉的方式），可以按组合梁考虑。能充分发挥混凝土在受压区抗压强度高、钢结构在受拉区抗拉能力强的特点。具有承载力高、刚度大、抗震和动力性能好、构件截面尺寸小、施工方便等优点。

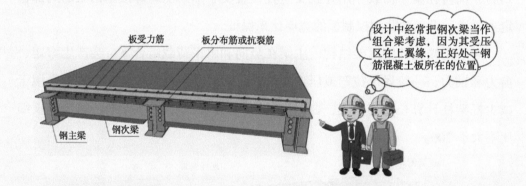

板受力筋　板分布筋或抗裂筋

钢主梁　钢次梁

设计中经常把钢次梁当作组合梁考虑，因为其受压区在上翼缘，正好处于钢筋混凝土板所在的位置。

在竖向力和水平力的作用下，框架梁的端部受压区大多处在下部，受拉区在上部混凝土板处。但组合梁具有良好的内力重分布性能，在端部受拉区可以利用混凝土板的钢筋和钢梁共同抵抗弯矩。通过弯矩调幅后（一般考虑20%左右的调幅），可使连续组合梁的高度有所减小。只是对于钢筋的锚固问题还没有较为可靠的构造措施。目前在设计及构造方面尚不够完善，因此实际工程中的框架梁一般不按组合梁设计。

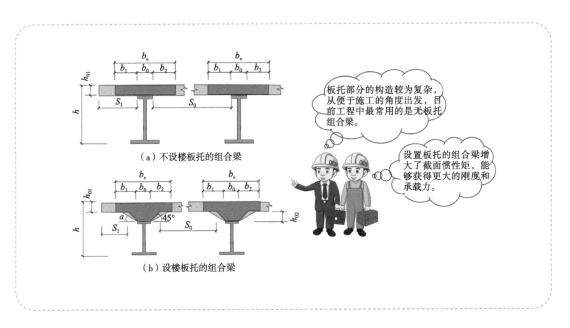

（a）不设楼板托的组合梁

（b）设楼板托的组合梁

> 板托部分的构造较为复杂，从便于施工的角度出发，目前工程中最常用的是无板托组合梁。

> 设置板托的组合梁增大了截面惯性矩，能够获得更大的刚度和承载力。

 《钢结构设计标准》GB 50017—2017 第 14.1.1、14.1.3 条。

5.12 梁柱节点采用悬臂梁段和连接板方式哪个更好？

答：根据日本建筑协会"Architectural Institute of Japan"于 2007 年发布的"Japanese Architectural Standard Specification"（简称 JASS 6）中的相关内容，在悬臂梁端的焊缝连接会影响抗震性能。1995 年阪神地震表明，悬臂梁段式连接的梁端破坏率为梁腹板螺栓连接时的 3 倍。此种连接方式消耗的钢材和螺栓用量均偏高，影响工程造价，且运输和堆放不便。虽然梁端内力传递性能较好，而且现场施工作业较为方便，但综合考虑不宜作为主要连接形式之一推广采用。

由于现在国内的钢结构安装中，现场焊接质量存在普遍不佳的情况，梁翼缘与柱翼缘现场直接焊接的质量更不好保证，会对梁柱节点域产生不利影响，可能产生较多的焊接残余应力，因此采用悬臂梁段的方式更容易保证连接节点处的焊缝质量。但同时也要充分重视梁腹板全截面焊接对其受弯承载力造成的影响，可以通过控制梁腹板与钢柱的焊缝长度、高度、焊接顺序等，来提高其抗震性能。

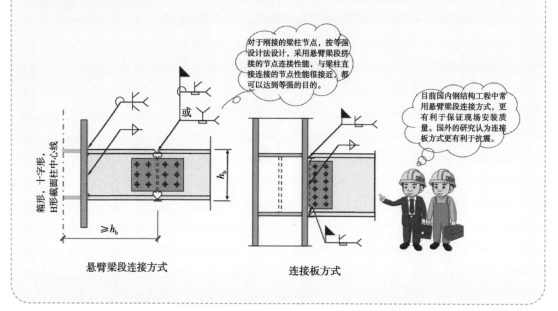

对于刚接的梁柱节点，按等强设计法设计，采用悬臂梁段拼接的节点连接性能，与梁柱直接连接的节点性能很接近，都可以达到等强的目的。

目前国内钢结构工程中常用悬臂梁段连接方式，更有利于保证现场安装质量。国外的研究认为连接板方式更有利于抗震。

箱形、十字形、H 形截面柱中心线

$\geqslant h_b$

h_b

悬臂梁段连接方式　　　　连接板方式

参考　《多高层民用建筑钢结构节点构造详图》16G519，《高层民用建筑钢结构技术规程》JGJ 99—2015 第 8.1.2 条。

5.13　变截面钢梁的梁高变化幅度如何把握?

答:对于门式刚架结构,工字形截面构件腹板的受剪板幅,考虑屈曲后强度时,应设置横向加劲肋,板幅的长度与板幅范围内的大端截面高度之比不应大于 3。

> 梁端腹板的高度按剪应力计算确定,并在构造上保证钢梁的受剪承载力。

> 梁每端变截面的长度不宜大于跨度的1/6,变后梁端高度不应小于原梁高度的1/2。

> 当钢梁的变截面幅度较大,或截面的变化形式较为复杂时,应对构件进行更为详细的计算分析,只要保证各项承载力指标能满足规范规定,可以不拘泥于上述尺寸的要求。

参考　《钢结构设计手册》(第四版)第 11.3.4 节,《门式刚架轻型房屋钢结构技术规范》GB 51022—2015 第 7.1.1 条。

5.14 如何处理钢结构中的局部降板？

答：当降板的范围不大，没有超过梁格的范围时，可以只降楼板，不降梁。

当降板的范围较大，超过了梁格的范围时，中间的梁也要随着楼板一起降。

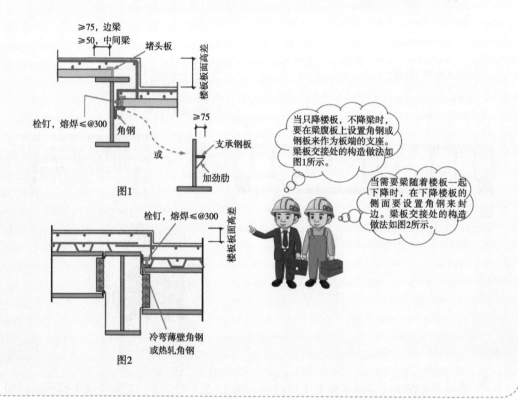

当只降楼板，不降梁时，要在梁腹板上设置角钢或钢板来作为板端的支座。梁板交接处的构造做法如图1所示。

当需要梁随着楼板一起下降时，在下降楼板的侧面要设置角钢来封边。梁板交接处的构造做法如图2所示。

 参 考 《多高层民用建筑钢结构节点构造详图》16G519。

5.15　H 型钢柱间支撑的摆放方式有哪些？如何进行选择？

答：H 型钢竖向支撑的摆放方向有两种：一是竖放，即 H 型钢的强轴在框架平面内；二是横放，即 H 型钢的弱轴在框架平面内。从支撑的承载力角度来看，对于抗震地区，支撑横放更容易满足平面外稳定计算的要求。但连接节点处需要做一个转换，构造上相对复杂一些。做法详见下图。

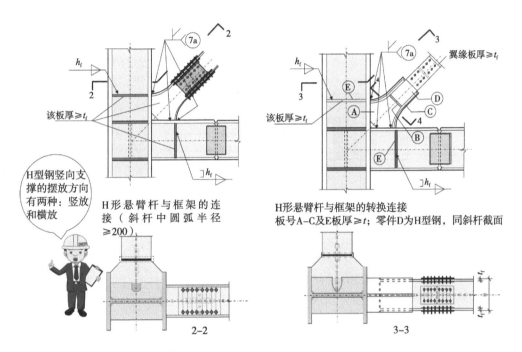

H型钢竖向支撑的摆放方向有两种：竖放和横放

H 形悬臂杆与框架的连接（斜杆中圆弧半径≥200）

2-2

H 形悬臂杆与框架的转换连接
板号 A–C 及 E 板厚≥t_f；零件 D 为 H 型钢，同斜杆截面

3-3

竖向支撑：在钢结构中的竖向支撑（也称为柱间支撑）主要用于承担水平荷载作用，与钢框架共同组成"框架–中心支撑"和"框架–偏心支撑"体系。多采用 H 形、箱形或圆管形截面。支撑与主体结构的连接方式有两种：刚接和铰接。刚接多用于有抗震设防要求的多高层钢结构中，支撑一般按压杆设计，长细比的限值比较严格。此时支撑与梁柱的节点多采用全焊连接或栓焊组合连接。铰接多用于轻钢结构、工业建筑中，支撑可按拉杆设计，长细比的限值也有所放松。

参考　《多高层民用建筑钢结构节点构造详图》16G519。

5.16　型钢混凝土组合梁的栓钉应如何设置?

答：型钢混凝土组合梁的栓钉应沿梁长贯通设置，直径一般选用19mm和22mm，长度不小于4倍栓钉直径。纵向间距不宜大于4倍板厚，也不应小于6倍栓钉直径。横向间距不宜大于200mm，也不应小于4倍栓钉直径，且栓钉至钢梁边缘的净距不宜小于20mm。栓钉顶面的混凝土保护层厚度不宜小于15mm。构造要求详见下图。

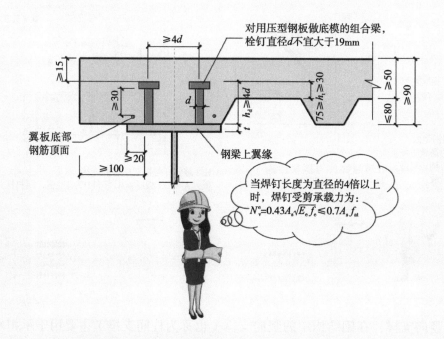

栓钉：是电弧螺柱焊用圆柱头焊钉的简称，属于钢结构工程中的一种高强连接紧固件，在不同连接件间起到刚性组合连接作用。栓钉在混凝土中的抗剪工作类似于弹性地基梁，在栓钉根部混凝土受局部承压作用，因而影响其受剪承载力的主要因素有：栓钉的直径（或截面积）、混凝土的弹性模量，以及混凝土的强度等级。

参考　《钢结构设计标准》GB 50017—2017 第14.3.1、14.3.2条，《组合结构设计规范》JGJ 138—2016 第4.4.5、12.2.7条。

5.17　高层钢结构经常采用什么柱脚形式?

答：高层钢结构的柱脚应采用刚接，常用的柱脚形式主要有外包式柱脚和埋入式柱脚。

外包式柱脚：在钢柱底部的外侧用钢筋混凝土包裹起来，形成钢骨混凝土结构，如下图所示。主要优缺点有：

（1）优点：钢柱没有必要预先埋入混凝土基础内，更便于固定和调整。对于室外受雨淋或处于室内潮湿环境，以及工厂、仓库、停车场等可能遭受车辆撞击的地方，采用外包式柱脚能对柱脚起到有效的保护作用。

（2）缺点：外包部分的截面变大会减少使用面积，影响建筑效果。当外包层高度较低时，外包层和柱面间容易出现粘结破坏。为了确保柱脚的刚度和承载力，外包层应达到柱截面的 2.5 倍以上，其厚度应符合有效截面要求。

埋入式柱脚：直接把钢柱埋入钢筋混凝土基础中，如下图所示。主要优缺点有：

（1）优点：承载效果比较容易保证，施工固定也相对容易。当钢柱受力先屈服时，柱脚的恢复力特性呈现出稳定的弹塑性。

（2）缺点：埋入基础中的钢柱长度要增加，并且基础梁的主筋不能与埋入的钢柱相交，必须扩展或弯曲成斜筋。另外，必须在基础梁钢筋绑扎之前先行把钢柱脚安装就位。柱脚在基础中的长度为柱截面的 2~3 倍。

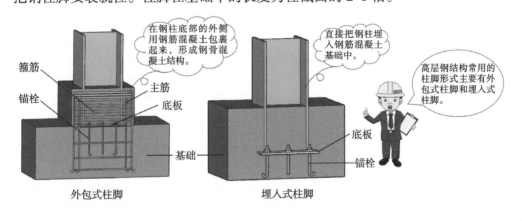

参考　《钢结构设计手册》（第四版）第 13.8.3、13.8.4 节。

5.18 如何选择铰接柱脚的连接做法？

答：铰接柱脚有两种常见的做法：一种是预埋板＋锚筋，常用于体量较小的建（构）筑物或钢平台、钢梯等局部结构；另一种是底板＋锚栓，应用较为广泛，适用于常规的钢结构工程。

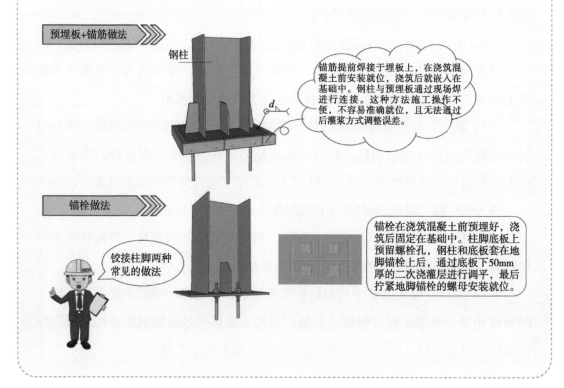

预埋板+锚筋做法

钢柱

d

锚筋提前焊接于埋板上，在浇筑混凝土前安装就位，浇筑后就嵌入在基础中。钢柱与预埋板通过现场焊进行连接。这种方法施工操作不便，不容易准确就位，且无法通过后灌浆方式调整误差。

锚栓做法

铰接柱脚两种常见的做法

锚栓在浇筑混凝土前预埋好，浇筑后固定在基础中。柱脚底板上预留螺栓孔，钢柱和底板套在地脚锚栓上后，通过底板下50mm厚的二次浇灌层进行调平，最后拧紧地脚锚栓的螺母安装就位。

5.19 高层钢结构中如何考虑错层柱的加强措施?

答：错层结构属于竖向布置不规则，错层部位的竖向抗侧力构件受力复杂，容易形成多处应力集中部位。框架结构中的错层更为不利，容易形成长、短柱沿竖向交替出现的不规则体系。因此，抗震设计时对于错层处的框架柱要采取更为严格的措施。常规的加强方法主要有：

（1）错层处梁、柱的抗震等级应提高一级。

（2）错层处的焊缝应采用全熔透坡口焊，焊缝高度不应小于1/2的板厚，焊缝质量不低于二级。

（3）钢柱的竖向拼接位置尽量不要放在错层处。

（3）当错层高差较小时，可以在与错层柱相连的框架梁端设置竖向加腋，减弱应力集中的现象。

（4）在错层框架中设置撑杆，减少错层柱的剪力。下图为撑杆的布置方法。

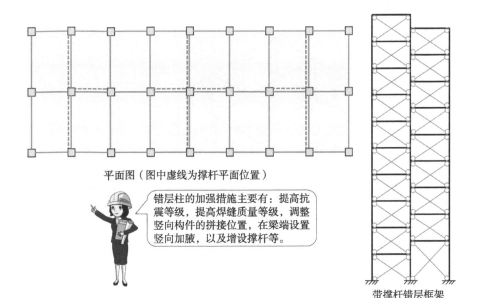

平面图（图中虚线为撑杆平面位置）

错层柱的加强措施主要有：提高抗震等级，提高焊缝质量等级，调整竖向构件的拼接位置，在梁端设置竖向加腋，以及增设撑杆等。

带撑杆错层框架

 参考 《高层混凝土结构技术规程》JGJ 138—2016 第 10.4.6 条，《全国民用建筑工程设计技术措施 混凝土结构（2009 年版）》第 12.3.2 条。

5.20　支撑结构和框架－支撑结构有什么区别?

答：支撑结构是完全靠支撑的轴向刚度来抵抗侧向荷载的结构，梁柱节点按铰接考虑，属于单抗侧力体系。框架－支撑结构是由框架及支撑组成抗侧力体系，共同抵抗侧向荷载的结构，梁柱节点按刚接考虑。

在进行抗震设计时，应尽量采用双重抗侧力体系。对于框架－支撑结构，如果支撑破坏了，框架部分还能承担一些侧向力。纯支撑结构属于单一抗侧力体系，只有一道防线，不符合抗震设计的原则，在民用建筑工程中极少使用，但在工业建筑中有一定的应用，诸如支架、管廊等构筑物。

无支撑框架：利用节点和构件的抗弯能力抵抗荷载的结构，也就是所谓的纯框架。受力特征是靠构件节点的抗弯刚度来形成抗侧力结构体系。

强支撑框架：在框架－支撑体系中，支撑结构（支撑桁架、剪力墙、筒体等）的抗侧移刚度较大时，可将该框架视为无侧移的框架。常规框架－支撑结构中的框架一般都是强支撑框架。

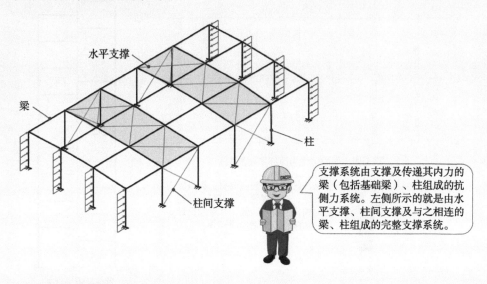

支撑系统由支撑及传递其内力的梁（包括基础梁）、柱组成的抗侧力系统。左侧所示的就是由水平支撑、柱间支撑及与之相连的梁、柱组成的完整支撑系统。

参考　《钢结构设计标准》GB 50017—2017 第2.1.16、2.1.17、2.1.18、2.1.19条。

5.21　钢柱是否需要控制轴压比?

答：与支撑相连的钢柱若控制轴压比（一、二、三级抗震时为 0.75，四级抗震时为 0.8），就可以不进行"强柱弱梁"的验算。不与支撑相连的钢柱则不需要限制轴压比。

对于高层框筒结构中的钢框架柱,应对其轴压比进行控制,但不需要满足"强柱弱梁"的要求。当不满足时，除了加大柱截面外，还可以控制柱轴压比的限值，若不超过 0.4，则无需进行"强柱弱梁"的验算。这样可以避免增大柱截面造成用钢量的上升。日本的规范规定：柱的轴压比不大于 0.6 时，可以不用控制"强柱弱梁"。我国规范对轴压比的要求更为严格一些。

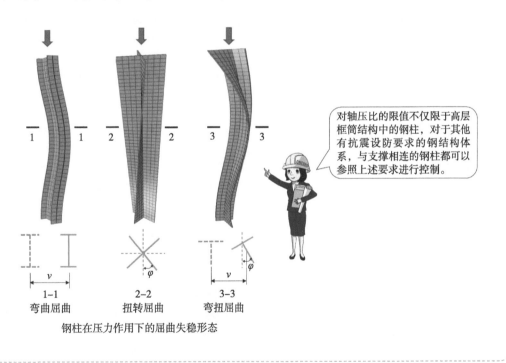

对轴压比的限值不仅限于高层框筒结构中的钢柱，对于其他有抗震设防要求的钢结构体系，与支撑相连的钢柱都可以参照上述要求进行控制。

| 1—1 | 2—2 | 3—3 |
| 弯曲屈曲 | 扭转屈曲 | 弯扭屈曲 |

钢柱在压力作用下的屈曲失稳形态

参考　《高层民用建筑钢结构技术规程》JGJ 99—2015 第 7.3.3、7.3.4 条。

5.22 钢框架和砌块填充墙的哪种连接方式更好？

答：当钢框架采用砌块填充墙时，根据主结构与填充墙的位置关系，分为贴砌和嵌砌两种方式。应优先采用贴砌方式，对主体结构的影响相对较小。

贴砌：填充墙砌筑在紧贴柱外皮的外侧，优点是对主体结构的刚度影响小，不会影响结构的水平位移，墙上的门窗洞口不会改变临近钢柱的支撑条件。缺点是填充墙在框架平面之外，自身稳定性较差，特别是在地震作用下，需要在墙体中设置大量的构造柱、圈梁，以及和主体结构间的拉结筋来保证墙体的稳定性。

嵌砌：填充墙砌筑在框架平面内，与主体结构的连接方式一般有以下两种：

（1）刚性顶紧方式：这种砌筑方法会使结构刚度明显增大，进而导致结构承受的地震作用也显著提高，但填充墙对结构抗震能力的贡献却很小。相对于混凝土和砌体结构，钢结构的整体刚度偏小，与砌块填充墙的刚度差异较大，嵌砌的不利影响尤为明显，因此尽量不要采用这种方式，特别是在抗震设防烈度为 8 度、9 度的地区。

（2）柔性连接方式：在填充墙和结构柱之间设置不小于 20mm 厚的缝隙，其中充填聚苯板和密封油膏，做法如下图所示。

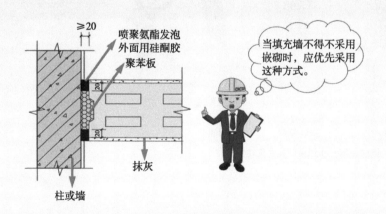

参考

《建筑抗震设计规范》GB 50011—2010（2016 年版）第 13.3 节，《砌体填充墙结构构造》12G614-1，《砌体填充墙构造详图（二）》（与主体结构柔性连接）10SG614-2。

5.23　钢筋桁架楼承板如何与钢梁连接?

答:钢筋桁架楼承板的底模在钢梁上的搭接长度应不小于 50mm。楼承板就位后,应立即将其端部竖向钢筋或抗剪栓钉与钢梁点焊牢固,沿板宽度方向将底模与钢梁点焊。焊点间距不大于 300mm,悬挑部位焊点间距应不大于 200mm。

在钢结构楼板施工阶段,通过镀锌钢板代替施工模板,与钢筋桁架共同承担楼板混凝土自重及施工荷载。混凝土浇筑完成后形成整体楼板,承受正常使用荷载。

钢筋桁架楼承板能够减少现场楼板钢筋绑扎的工程量、加快施工进度、减少劳动力、节约部分资源,目前在钢结构工程中的应用越来越广泛。

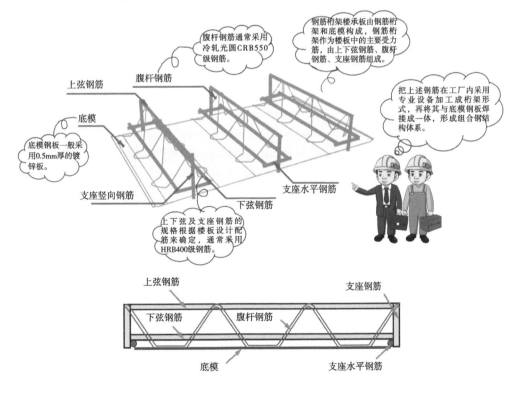

 参考　《钢筋桁架楼承板》JG/T 368—2012。

第 6 章

门式刚架

6.1　门式刚架和钢框架在厂房设计中如何选用？

答：门式刚架体系是承重结构采用变截面或等截面实腹刚架，围护系统采用轻型屋面和轻型外墙的单层房屋，如下图所示。钢框架结构体系为由钢梁和钢柱组成的能承受垂直和水平荷载的结构。

设计中，门式刚架体系采用平面结构体系模式，分别计算横向及纵向受力；钢框架结构体系采用空间结构体系模式，进行整体计算。

门式刚架的适用范围为房屋高度不大于 18m，房屋宽高比小于 1，承重结构为单跨或多跨实腹门式刚架、具有轻型屋盖、无桥式吊车，或有起重量不大于 20t 的 A1~A5 工作级别桥式吊车，或 3t 悬挂式起重机的单层钢结构房屋。

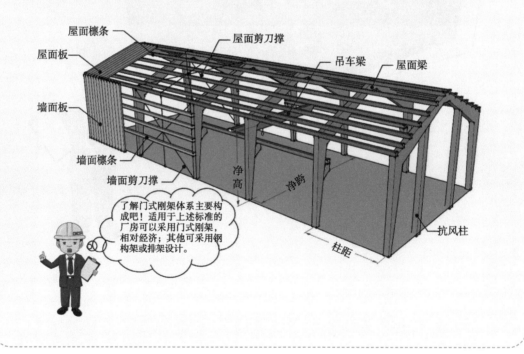

屋面檩条　　屋面剪刀撑
屋面板　　　　　　　　吊车梁　屋面梁
墙面板
净高　净跨
墙面檩条
墙面剪刀撑
抗风柱
柱距

了解门式刚架体系主要构成吧！适用于上述标准的厂房可以采用门式刚架，相对经济；其他可采用钢构架或排架设计。

参考　《门式刚架轻型房屋钢结构技术规范》GB 51022—2015 第 1.0.2 条。

6.2　带局部框架的门式刚架应如何整体考虑?

答：在门式刚架设计中，经常因为使用功能的需要，设置局部框架夹层，对于框架夹层，应考虑如下计算：

夹层部分的柱、梁及与其直接相连的刚架柱，组成一个框架结构，应按照《建筑抗震设计规范》相关要求进行抗震设计，具体可参照《建筑抗震设计规范》中第 8 章"多层和高层钢结构房屋"。

平面外方向采用柱间支撑体系，夹层部分的纵向柱列按照夹层标高布置上下层柱间支撑。

当刚架带有刚性楼板的夹层之后，需要考虑抗震设计。

带夹层的门式刚架仍可采用平面结构体系模式。

 参　考　《建筑抗震设计规范》GB 50011—2010（2016 年版）第 8.2.1 条。

6.3 门式刚架设计是否需要执行新钢标的宽厚比要求？

答：不需要，门式刚架设计中的构件宽厚比要求主要采用的规范是《门式刚架轻型房屋钢结构技术规范》GB 51022—2015 中 3.4.1 条和《冷弯薄壁型钢结构技术规范》GB 50018—2002 中 4.3.2 条。具体规定如下：

（1）构件中受压板件的宽厚比，不应大于表 6.1 的宽厚比限值。

表 6.1　受压板件的宽厚比限值

板件类别 ＼ 钢材牌号	Q235 钢	Q355 钢
非加劲板件	45	35
部分加劲板件	60	50
加劲板件	250	200

（2）主刚架构件受压板件中，工字形截面构件受压翼缘板自由外伸宽度 b 与其厚度 t 之比，不应大于 $15\sqrt{235/f}$；工字形截面梁、柱构件腹板的计算高度与其厚度之比，不应大于 250。

（3）当受压板件的局部稳定临界应力低于钢材屈服强度时，应按实际应力验算板件的稳定性，或采用有效宽度计算构件的有效截面，并验算构件的强度和稳定。

另外，如果门式刚架中有夹层，夹层梁柱采用框架结构体系进行设计，此时，夹层的梁柱需要执行新钢标（《钢结构设计标准》GB 50017—2017）中构件宽厚比的相关要求。

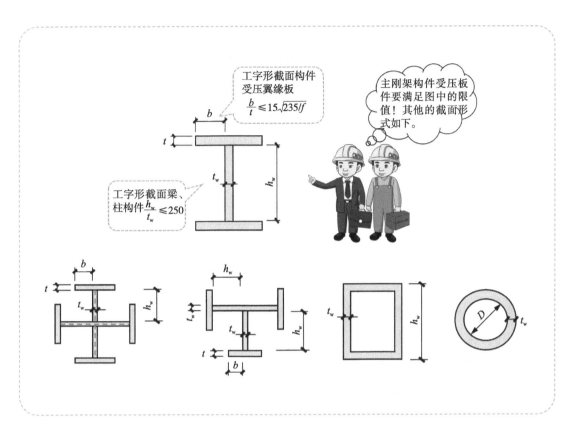

 《门式刚架轻型房屋钢结构技术规范》GB 51022—2015 第 3.4.1 条,《冷弯薄壁型钢结构技术规范》GB 50018—2002 第 4.3.2 条。

6.4 门式刚架托梁设计中应注意哪些问题?

答:门式刚架结构体系设计中,当因建筑需要在局部区域抽去某些柱子时,可用托梁替代抽柱支撑屋面梁,仍可采用平面结构体系进行计算分析,设计中应注意以下问题:

(1)托梁的支座反力直接加在连接的柱顶上,托梁一般采用简支梁模式与柱子相连。为了改善结构的空间整体性能,支撑托梁的柱子不宜采用摇摆柱。

(2)被支撑的屋盖梁与托梁可采用叠接,也可采用平接。

(3)托梁与柱子的连接通常采用铰接形式,由托梁的腹板与柱子腹板采用高强度螺栓连接;当被支撑屋盖梁与托架梁平接,且托梁连续布置时,托梁与柱子可以采用刚接形式。

(4)计算托墙梁的整体稳定时,其跨中处的屋面梁可作为托梁的侧向支撑,当屋盖梁与托梁叠加时,托梁下翼缘加上隔撑后,屋盖梁可视为托梁的侧向支撑,可计算竖向重力荷载与风拔力作用两种组合工况下的整体稳定。

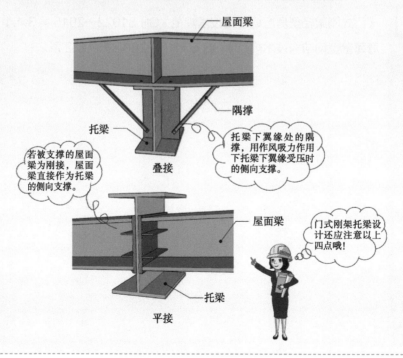

参考 《门式刚架轻型房屋钢结构技术规范》GB 51022—2015 第 10.2.12 条。

6.5 钢结构厂房中柱间支撑选择刚性还是柔性支撑?

答：通常意义上的刚性支撑是既能承受压力也能承受拉力，设计时按照压杆考虑；柔性支撑是只承受拉力，受到压力立即退出工作，设计时按照拉杆考虑。

（1）在门式刚架结构体系钢结构厂房中，柱间支撑采用的形式宜为：圆钢或钢索交叉支撑、型钢交叉支撑、方管或圆管人字支撑等。当有吊车时，吊车牛腿以下交叉支撑应选用型钢交叉支撑（刚性支撑）。柱间支撑的设计，应按支撑于柱脚基础上的竖向悬臂桁架计算；圆钢或钢索交叉支撑按拉杆设计，型钢可按拉杆设计，支撑中的刚性系杆应按压杆设计。

（2）在框（排）架结构体系钢结构厂房中，根据《钢结构设计手册》（第四版）中相关说明，对十字形交叉支撑，一般可按拉杆设计，对于地震区宜按一拉一压考虑，当设有重级工作制吊车时，也宜按一拉一压考虑。按一拉一压设计的支撑承载力不应小于按单拉杆设计的承载力。一般当长细比 $\lambda \leqslant 109\varepsilon_k$ 时按一拉一压设计，当长细比 $\lambda>109\varepsilon_k$ 或 $\lambda>130$ 时可按单拉杆设计，当长细比 $\lambda \geqslant 200$ 时应按单拉杆设计。

门式刚架结构体系钢结构厂房柱间支撑形式

柱间支撑的设计，应按支撑于柱脚基础上的竖向悬臂桁架计算；圆钢或钢索交叉支撑按拉杆设计，型钢可按拉杆设计，支撑中的刚性系杆应按压杆设计。

圆钢或钢索交叉支撑、型钢交叉支撑。

方管或圆管人字支撑。

当有吊车时，吊车牛腿以下交叉支撑应选用型钢交叉支撑（刚性支撑）。

参考　《门式刚架轻型房屋钢结构技术规范》GB 51022—2015 第 8.2.3、8.2.6 条。

6.6 轻钢屋面中如何设置水平支撑?

答:轻钢屋面中的水平支撑应按照下面的要求进行设置:

(1)屋面横向支撑宜与柱间支撑设置在同一开间;

(2)屋面端部横向支撑应布置在房屋端部和温度区段第一或第二开间,当布置在第二开间时,应在房屋端部第一开间抗风柱顶部对应位置布置刚性系杆;

(3)对设有带驾驶室且起重量大于15t桥式吊车的跨间,应在屋盖边缘设置纵向支撑;在有抽柱的柱列,沿托架长度应设置纵向支撑;

(4)在刚接转折处,如边柱柱顶、屋脊、多跨刚接的中柱柱顶,应沿全长设置刚性系杆。

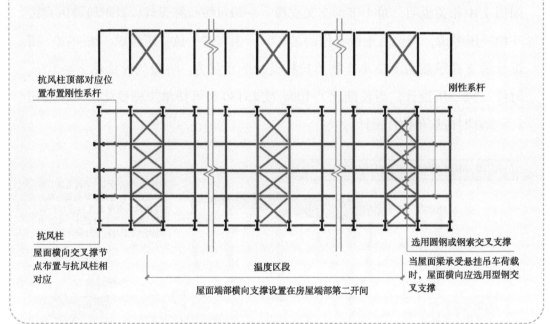

 参 考 《门式刚架轻型房屋钢结构技术规范》GB 51022—2015 第 8.3.1 条。

6.7　带吊车的钢结构厂房按门式刚架还是按排架设计？

答：门式刚架适用于起重量不大于 20t 的 A1~A5 工作级别桥式吊车或 3t 的悬挂式起重机的单层钢结构房屋。这个范围以外的，可以采用框架或排架设计。

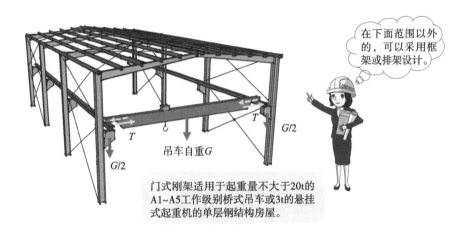

在下面范围以外的，可以采用框架或排架设计。

吊车自重G

T　T　$G/2$

c

$G/2$

门式刚架适用于起重量不大于20t的 A1~A5工作级别桥式吊车或3t的悬挂式起重机的单层钢结构房屋。

参考　《门式刚架轻型房屋钢结构技术规范》GB 51022—2015 第 1.0.2 条。

6.8 带吊车的钢结构厂房中柱间支撑应设在第几跨？

答：根据《门式刚架轻型房屋钢结构技术规范》GB 51022—2015 的相关要求：

（1）柱间支撑应设在外侧柱列，当房屋宽度大于 60m 时，在内部柱列宜设置柱间支撑。当有吊车时，每个吊车跨两侧柱列均应设置吊车柱间支撑。

（2）柱间支撑的设置应根据房屋纵向柱距、受力情况和温度区段等条件确定。当无吊车时，柱距支撑间距宜取 30~45m，端部柱间支撑宜设置在房屋端部第一或第二开间。当有吊车时，吊车牛腿下部支撑宜设置在温度区段中部，当温度区段较长时，宜设置在三分点内，且支撑间距不应大于 50m。牛腿上部支撑设置原则与无吊车时的柱间支撑设置相同。

参考 《门式刚架轻型房屋钢结构技术规范》GB 51022—2015 第 8.2.1、8.2.5 条。

6.9　吊车梁能否作为钢柱平面外的侧向支撑？

答：吊车梁中心与钢柱中心基本重合时，吊车梁可以作为钢柱平面外的侧向支撑；当吊车梁中心与钢柱中心偏差较大时，需要采取必要措施后，吊车梁才可以作为钢柱平面外的侧向支撑。

对于带有吊车的门式刚架结构，因为有吊车行走时的纵向制动力作用，柱间支撑按照吊车梁标高处分成上下两层，分层处需要有一根纵向刚性系杆。当钢柱为变截面（上柱小）时，吊车梁直接放在变截面处，吊车梁中心与钢柱中心基本重合，吊车梁可以兼作纵向刚性系杆，可以作为侧向支点，否则不可以。更多的情况下，吊车梁通常搁置在柱子外伸牛腿上，显然，此时利用吊车梁兼作刚性系杆，对于边柱来说，因吊车梁与柱子中心有相当距离，故吊车梁仅对柱子的内翼缘构成侧向支撑作用，不能对柱子的外翼缘构成侧向支撑，因柱子的外翼缘也受压力，故必须对外翼缘也要有侧向支撑，以构成柱子面外计算长度的支撑点。

隔撑

> 吊车梁搁置在边柱牛腿上时，在吊车梁的上翼缘设置一道隔撑与柱子的外翼缘相连。

参考　《门式刚架轻型房屋钢结构设计与施工疑难问题释义》（陈友泉，魏潮文）第6.5条。

6.10 单层门式刚架和钢排架结构如何控制位移角限值？

答：（1）门式刚架的柱顶位移限值，按照《门式刚架轻型房屋钢结构技术规范》GB 51022—2015 第 3.3.1 条相关要求，不大于规范表 3.3.1 的要求。夹层处柱顶的水平位移限值宜为 $H/250$，H 为夹层处柱高度。

规范表 3.3.1　钢架柱顶位移限值（mm）

吊车情况	其他情况	柱顶位移限值
无吊车	当采用轻型钢板墙时	$h/60$
	当采用砌体墙时	$h/240$
有桥式吊车	当吊车有驾驶室时	$h/400$
	当吊车由地面操作时	$h/180$

注：表中 h 为刚架柱高度。

（2）排架结构的水平位移限值，参照《钢结构设计标准》GB 50017—2017 中附录 B.2.1 条的要求。

单层钢结构柱顶位移一般不超过标准表 B.2.1-1 的要求；另外，当无桥式起重机时，围护结构为砌体墙的柱顶水平位移不应大于 $H/240$，围护结构采用轻型钢墙板且房屋高度不大于 18m 时柱顶水平位移可以放宽到 $H/60$；当有桥式起重机时，房屋高度不超过 18m、采用轻型屋盖、吊车起重量不大于 20t（工作级别为 A1~A5），柱顶水平位移可以放宽到 $H/180$。

标准表 B.2.1-1　风荷载作用下单层钢结构柱顶水平位移容许值

结构体系	吊车情况	柱顶水平位移
排架、框架	无桥式起重机	$H/150$
	有桥式起重机	$H/400$

注：H 为柱高度，当围护结构采用轻型钢墙板时，柱顶水平位移要求适当放宽。

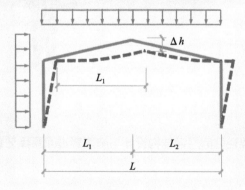

 参考 《门式刚架轻型房屋钢结构技术规范》GB 51022—2015 第 3.3.1 条，《钢结构设计标准》GB 50017—2017 附录 B.2.1 条。

6.11 门式刚架和排架结构轻钢屋面如何控制钢梁的挠度限值?

答:(1)门式刚架结构的受弯构件挠度限值应满足《门式刚架轻型房屋钢结构技术规范》GB 51022—2015 第 3.3.2 条的相关要求,不应大于规范中表 3.3.2 条规定的限值。

规范表 3.3.2 受弯构件的挠度与跨度比限值(mm)

		构件类别	构件挠度限值
竖向挠度	门式刚架斜梁	仅支承压型钢板屋面和冷弯型钢檩条	$L/180$
		尚有吊顶	$L/240$
		有悬挂起重机	$L/400$
	夹层	主梁	$L/400$
		次梁	$L/250$
	檩条	仅支承压型钢板屋面	$L/150$
		尚有吊顶	$L/240$
	压型钢板屋面板		$L/150$
水平挠度	墙板		$L/100$
	抗风柱或抗风桁架		$L/250$
	墙梁	仅支承压型钢板墙	$L/100$
		支承砌体墙	$L/180$ 且 ≤ 50mm

注:1. 表中 L 为跨度;
2. 对门式刚架,L 取全跨;
3. 对悬臂梁,按悬伸长度的 2 倍计算受弯构件的跨度。

(2)排架结构的轻钢屋面受弯构件的挠度限值应满足《钢结构设计标准》中附录 B.1.1 条表 B.1.1 的第 4 项的相关要求。

	构件类别	挠度容许值	
		$[\nu_T]$	$[\nu_Q]$
4	楼（屋）盖梁或桁架、工作平台梁（第三项除外）和平台板		
	1）主梁或桁架（包括设有悬挂起重设备的梁和桁架）	$l/400$	$l/500$
	2）仅支承压型金属板屋面和冷弯型钢檩条外，尚有吊顶	$l/180$	
	3）除支承压型金属板屋面和冷弯型钢檩条外，尚有吊顶	$l/240$	
	4）抹灰顶棚的次梁	$l/250$	$l/350$
	5）除第1）款～第4）款外的其他梁（包括楼梯梁）	$l/250$	$l/300$
	6）屋盖檩条		
	支承压型金属板屋面者	$l/150$	
	支承其他屋面材料者	$l/200$	
	有吊顶	$l/240$	
	7）平台板	$l/150$	

注：1. l 为受弯构件的跨度（对悬臂梁和伸臂梁为悬臂长度的2倍）；
2. $[\nu_T]$ 为永久和可变荷载标准值产生的挠度（如有起拱应减去拱度）的容许值，$[\nu_Q]$ 为可变荷载标准值产生的挠度的容许值；
3. 当吊车梁或吊车桁架跨度大于12m时，其挠度容许值 $[\nu_T]$ 应乘以0.9的系数；
4. 当墙面采用延性材料或与结构采用柔性连接时，墙加构件的支柱水平位移容许值可采用 $l/300$，抗风桁架（作为连续支柱的支承时）水平位移容许值可采用 $l/800$。

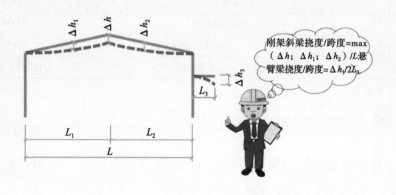

 参考 《门式刚架轻型房屋钢结构技术规范》GB 51022—2015 第3.3.2条，《钢结构设计标准》GB 50017—2017 附录B.1.1条。

6.12　门式刚架的梁柱节点和柱脚采用刚接还是铰接?

答：一般情况下，门式刚架边柱与斜梁为刚接，多跨刚架的中间柱与斜梁的连接可采用铰接，也可以为刚接；门式刚架的柱脚，宜采用铰接支承设计，当用于工业厂房且有 5t 以上桥式吊车时，可将柱脚设计成刚接。

门式刚架的柱脚是采用铰接还是刚接主要看刚架在水平荷载作用下的变形情况。在房屋高度较大而且风荷载也较大的情况下，如果柱脚采用铰接，柱顶位移较大，此时适合选择柱脚为刚接；同时，门式刚架的柱脚是采用铰接还是刚接还要考虑土质情况及基础造价，因为刚接柱脚的基础造价要高于铰接柱脚的基础造价。

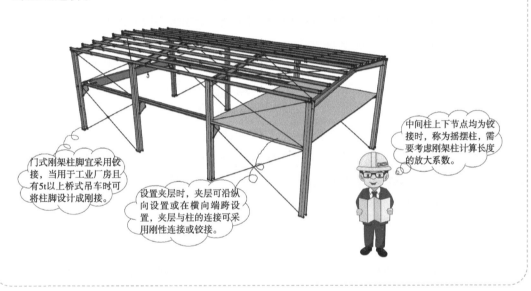

门式刚架柱脚宜采用铰接，当用于工业厂房且有5t以上桥式吊车时可将柱脚设计成刚接。

设置夹层时，夹层可沿纵向设置或在横向端跨设置，夹层与柱的连接可采用刚性连接或铰接。

中间柱上下节点均为铰接时，称为摇摆柱，需要考虑刚架柱计算长度的放大系数。

参考　《门式刚架轻型房屋钢结构技术规范》GB 51022—2015 第 5.1.2、5.1.4 条。

6.13 门式刚架是否需要按压弯构件验算平面内稳定?

答:根据《冷弯薄壁型钢结构技术规范》GB 50018—2002 第 10.1.1 条,刚架梁是以承受弯矩为主、轴力为次的压弯构件,其轴力随坡度的减小而减小,当屋面坡度不大于 1 ∶ 2.5 时,由于轴力很小,可仅按压弯构件计算其在刚架平面内的强度(此时轴压力产生的应力一般不超过总应力的 5%),而不必验算其在刚架平面内的稳定性。

刚架在其平面内的整体稳定,可由刚架柱的稳定计算来保证,变截面柱(通常为楔形柱)在刚架平面内的稳定验算可以套用等截面压弯构件的计算公式。刚架梁、柱在刚架平面外的稳定性可由檩条和墙梁设置隅撑来保证,设置隅撑的间距可参照现行国家标准《钢结构设计标准》GB 50017—2017 中第 8.2 节压弯构件验算整体稳定性的条件来确定。

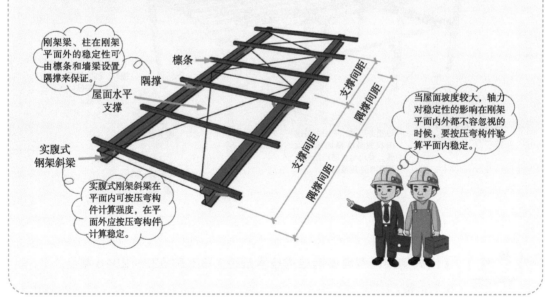

刚架梁、柱在刚架平面外的稳定性可由檩条和墙梁设置隅撑来保证。

檩条

隅撑

屋面水平支撑

实腹式钢架斜梁

实腹式刚架斜梁在平面内可按压弯构件计算强度,在平面外应按压弯构件计算稳定。

支撑间距

隅撑间距

支撑间距

隅撑间距

当屋面坡度较大,轴力对稳定性的影响在刚架平面内外都不容忽视的时候,要按压弯构件验算平面内稳定。

参考 《冷弯薄壁型钢结构技术规范》GB 50018—2002 第 10.1.1 条,《门式刚架轻型房屋钢结构技术规范》GB 51022—2015 第 7.1.6 条。

6.14 如何计算门式刚架的屋面水平支撑和系杆？

答：屋面的水平支撑系统是按支承于柱间支撑柱顶的水平桁架设计，支撑采用圆钢或钢索交叉设置时，按拉杆设计；也可以采用型钢，按拉杆设计；刚性系杆应按压杆设计。

门式刚架房屋应设置支撑体系。在每个温度区段或分期建设的区段，应设置横梁上弦横向水平支撑及柱间支撑；刚架转折处（即边柱柱顶和屋脊）及多跨房屋相应位置的中间柱顶，应沿房屋全长设置刚性系杆。

此外，屋面的水平支撑应按照下列情况布置：

（1）屋盖横向支撑宜设在温度区间端部的第一个或第二个开间。

（2）在刚架转折处（柱顶和屋脊）应沿房屋全长设置刚性系杆。

（3）柱间支撑和屋面支撑必须布置在同一开间内，形成抵抗纵向荷载的支撑桁架。

（4）屋面交叉支撑和柔性系杆可按拉杆设计，非交叉支撑中的受压杆件及刚性系杆应按压杆设计。

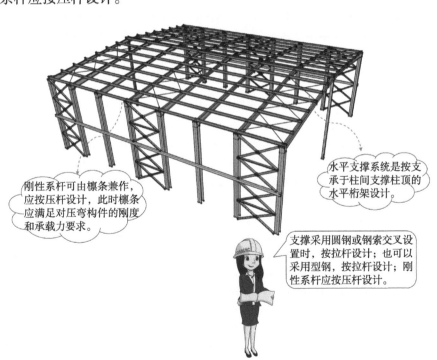

刚性系杆可由檩条兼作，应按压杆设计，此时檩条应满足对压弯构件的刚度和承载力要求。

水平支撑系统是按支承于柱间支撑柱顶的水平桁架设计。

支撑采用圆钢或钢索交叉设置时，按拉杆设计；也可以采用型钢，按拉杆设计；刚性系杆应按压杆设计。

（5）刚性系杆可由檩条兼作，此时檩条应满足对压弯构件的刚度和承载力要求。

（6）屋盖横向水平支撑可仅设在靠近上翼缘处。

（7）交叉支撑可采用圆钢，按拉杆设计。

（8）屋面横向水平支撑内力，应根据纵向风荷载按支承于柱顶的水平桁架计算，对于交叉支撑可不计压杆的受力。

屋面横向水平支撑内力，对于交叉支撑可不计压杆的受力；屋面水平支撑采用拉杆设计的原因如下：假设风荷载如下图所示，则厂房的支撑杆件中，红色杆所示杆件受压。设计时认为：压杆退出工作，按照拉杆设计支撑。

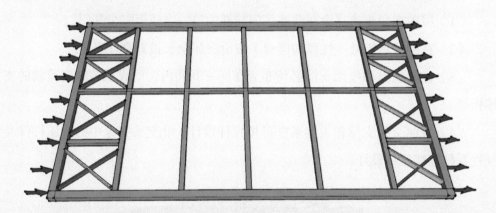

以上设计有两个原因：（1）风荷载可由拉杆组成的几何不变体系安全传递；（2）按照拉杆进行设计可以减少支撑的截面尺寸。

 参 考 《门式刚架轻型房屋钢结构技术规范》GB 51022—2015 第8.3.3 条。

6.15　门式刚架端板连接计算中螺栓受拉承载力如何取值?

答：门式刚架构件间的连接，可采用高强度螺栓端板连接。端板连接应按所受最大内力和按能够承受不小于较小被连接截面承载力的一半设计，并取两者的大值。连接螺栓应按现行国家标准《钢结构设计标准》GB 50017—2017 验算螺栓在拉力、剪力或拉剪共同作用下的强度。

端板连接节点设计应包括连接螺栓设计、端板厚度确定、节点域剪应力验算、端板螺栓处构件腹板强度、端板连接刚度验算，计算的是各板区在其特定屈服模式下螺栓达到极限拉力、板区材料达到全截面屈服时的板厚。

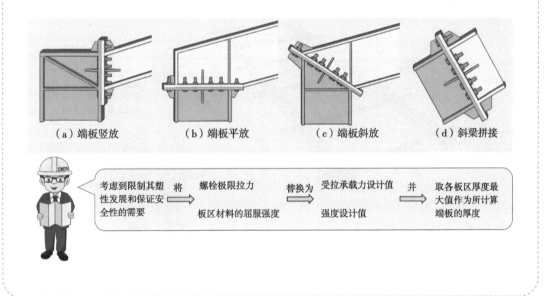

（a）端板竖放　　　（b）端板平放　　　（c）端板斜放　　　（d）斜梁拼接

考虑到限制其塑性发展和保证安全性的需要　将　螺栓极限拉力板区材料的屈服强度　替换为　受拉承载力设计值强度设计值　并　取各板区厚度最大值作为所计算端板的厚度

参考　《门式刚架轻型房屋钢结构技术规范》GB 51022—2015 第 10.2.6 条。

6.16 门式刚架梁的平面外计算长度如何确定?

答：实腹式刚架斜梁的平面外计算长度，应取侧向支撑点间的距离；当斜梁两翼缘侧向支撑点间的距离不等时，应取最大受压翼缘侧向支撑点间的距离。

钢梁的计算长度，需验算平面外两个稳定性要求，分为上翼缘和下翼缘。上翼缘是系杆、水平支撑，下翼缘则是隅撑。如果梁过高，檩条太弱，则用隅撑保证不了稳定；如果系杆设置在上翼缘附近（无其他构造措施），而下翼缘又是受压区，则最好设置隅撑保证下翼缘的平面外稳定。故梁高不是唯一的控制因素，还和梁承受的荷载，钢材的强度等级有关。

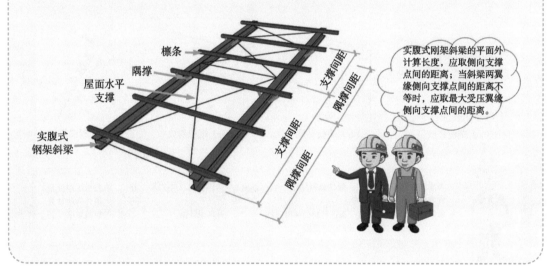

实腹式刚架斜梁的平面外计算长度，应取侧向支撑点间的距离；当斜梁两翼缘侧向支撑点间的距离不等时，应取最大受压翼缘侧向支撑点间的距离。

 参考 《门式刚架轻型房屋钢结构技术规范》GB 51022—2015 第 7.1.6 条。

6.17　如何考虑隔撑对门式刚架梁平面外计算长度的影响?

答：隔撑对门式刚架梁平面外计算长度的影响，主要取决于隔撑 – 冷弯薄壁型钢檩条体系与斜梁受压翼缘的相对刚度。隔撑不能作为梁固定的侧向支撑，不能充分地给梁提供侧向支撑，而仅仅是弹性支座。根据理论分析，隔撑支撑梁的计算长度不小于隔撑间距的 2 倍。梁下翼缘面积越大，则隔撑的支撑作用相对越弱，计算长度就越大。

当屋面斜梁和檩条之间设置的隔撑满足下列条件时，下翼缘受压的屋面斜梁的平面外计算长度可考虑隔撑的作用。

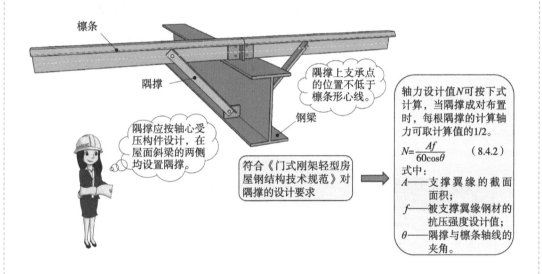

檩条

隔撑

钢梁

隔撑上支承点的位置不低于檩条形心线。

隔撑应按轴心受压构件设计，在屋面斜梁的两侧均设置隔撑。

符合《门式刚架轻型房屋钢结构技术规范》对隔撑的设计要求

轴力设计值 N 可按下式计算，当隔撑成对布置时，每根隔撑的计算轴力可取计算值的 1/2。

$$N=\frac{Af}{60\cos\theta}\qquad(8.4.2)$$

式中：
A——支撑翼缘的截面面积；
f——被支撑翼缘钢材的抗压强度设计值；
θ——隔撑与檩条轴线的夹角。

当隔撑单面布置时，应考虑隔撑作为檩条的实际支座承受的压力对屋面斜梁下翼缘的水平作用。屋面斜梁的强度和稳定性计算宜考虑其影响。

 参考　《门式刚架轻型房屋钢结构技术规范》GB 51022—2015 第 7.1.6、8.4.2 条。

6.18　怎样通过系杆来减少门式刚架柱平面外计算长度？

答：可以通过增加通长刚性系杆来减少门式刚架柱平面外计算长度，其中刚性系杆应满足一定的刚度要求。

门式刚架结构在弯矩作用平面外方向，一般钢柱和基础铰接，屋脊处刚性系杆对柱顶的约束较小，可视为铰接。按规范设置柱间支撑、通长刚性系杆（压杆），压杆与柱间支撑共同构成平面不变体系，承受纵向水平力，作为刚架柱平面外的反弯点，可以视作刚架平面外的铰支座，所以钢柱平面外的计算长度可以取两个压杆间的距离。

其中的通长刚性系杆，当钢柱截面较大，柱内外翼缘都可能受压时，一般圆钢管或者双拼角钢就不能满足要求，用截面较小的 H 型钢也难以改善，宜靠近柱受压翼缘才能更好约束。此外，对于较大截面柱，应采用双排支撑，来减少平面外的计算长度。

可以通过增加通长刚性系杆来减少门式刚架柱平面外计算长度。

质量集中点，吊车梁或矮屋面连接点处应设置相应支撑点。

当 $H/D>2$ 时柱间支撑宜分层设置。

在实际工程中，一般都取通长系杆作为钢柱的平面外支撑点。

6.19 檩条兼作刚性系杆时要满足哪些要求？

答：根据《门式刚架轻型房屋钢结构技术规范》GB 51022—2015，檩条兼作屋面横向水平支撑压杆和纵向系杆时，应满足《门式刚架轻型房屋钢结构技术规范》GB 51022—2015 第 9.1.7 条和第 9.1.8 条的相关要求：

（1）檩条兼作屋面横向水平支撑压杆和纵向系杆时，檩条长细比不应大于200；

（2）兼作压杆、纵向系杆的檩条应按压弯构件计算，在《门式刚架轻型房屋钢结构技术规范》GB 51022—2015 式（9.1.5–12）和式（9.1.5–3）中叠加轴向力产生的应力，其压杆稳定系数应按构件平面外方向计算，计算长度应取拉条或撑杆的间距。

檩条作压杆

檩条兼作刚性系杆时要满足《门式刚架轻型房屋钢结构技术规范》GB51022—2015中第9.1.7条和第9.1.8条的相关要求。

参考　《门式刚架轻型房屋钢结构技术规范》GB 51022—2015 第 9.1.7、9.1.8 条。

6.20 拉条如何设置才能更好地保证檩条的稳定性？

答：檩条之间的拉条和撑杆应设置在檩条的受压部位，这样才能更好地保证檩条的稳定性。

拉条的设置应满足《门式刚架轻型房屋钢结构技术规范》GB 51022—2015 中第 9.3.1 条的构造要求。实腹式檩条跨度不宜大于 12m；檩条跨度大于 4m 时，宜在檩条间跨中位置设置拉条或撑杆；当檩条跨度大于 6m 时，宜在檩条跨度三分点处各设置一道拉条或撑杆；当檩条跨度大于 9m 时，宜在檩条跨度四分点处各设置一道拉条或撑杆。斜拉条和刚性撑杆组成的桁架结构体系应分别设在檐口和屋脊处，当构造能保证屋脊处拉条互相拉结平衡时，在屋脊处可不设斜拉条和刚性撑杆。当单坡长度大于 50m 时，宜在中间增加一道双向斜拉条和刚性撑杆组成的桁架结构体系。撑杆长细比不应大于 220；当采用圆钢作拉条时，圆钢的直径不宜小于 10mm。圆钢拉条可设在距檩条上翼缘 1/3 腹板高度的范围内。

檩条计算时应和工程实际情况相对应，采用哪种公式要根据屋面板板型和拉条的设置情况来确定，特别是现在普遍采用计算机软件来设计，一个选项或参数设错，就直接影响计算结果。

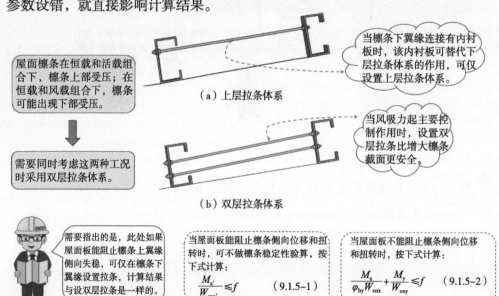

屋面檩条在恒载和活载组合下，檩条上部受压；在恒载和风载组合下，檩条可能出现下部受压。

需要同时考虑这两种工况时采用双层拉条体系。

当檩条下翼缘连接有内衬板时，该内衬板可替代下层拉条体系的作用，可仅设置上层拉条体系。

（a）上层拉条体系

当风吸力起主要控制作用时，设置双层拉条比增大檩条截面更安全。

（b）双层拉条体系

需要指出的是，此处如果屋面板能阻止檩条上翼缘侧向失稳，可仅在檩条下翼缘设置拉条，计算结果与设双层拉条是一样的。

当屋面板能阻止檩条侧向位移和扭转时，可不做檩条稳定性验算，按下式计算：

$$\frac{M_x}{W_{enx'}} \leq f \qquad (9.1.5-1)$$

当屋面板不能阻止檩条侧向位移和扭转时，按下式计算：

$$\frac{M_x}{\varphi_{by}W_{enx}} + \frac{M_y}{W_{eny}} \leq f \qquad (9.1.5-2)$$

参考　《门式刚架轻型房屋钢结构技术规范》GB 51022—2015 第 9.3.1、9.1.10 条。

6.21 连续檩条采用什么方式连接?

答：连续檩条的搭接长度 $2a$ 不宜小于 10% 的檩条跨度，嵌套搭接部分的檩条应采用螺栓连接，按连续檩条支座处弯矩验算螺栓连接强度。当连续檩条的嵌套搭接长度不小于 10% 的檩条跨度时，再增加搭接长度对连续檩条的刚度影响很小；同时，嵌套搭接长度取 10%（单边为 5%）的跨度可满足搭接端头的弯矩值不大于跨中弯矩，由此，跨中截面成为构件验算的控制截面，但需要注意，对于端跨的檩条，为满足搭接端头的弯矩值不大于跨中弯矩，需要加大搭接长度 50%。

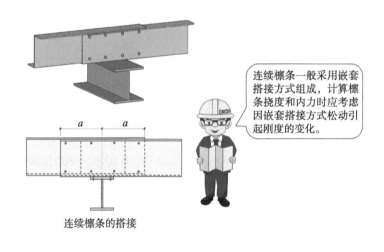

连续檩条一般采用嵌套搭接方式组成，计算檩条挠度和内力时应考虑因嵌套搭接方式松动引起刚度的变化。

连续檩条的搭接

 参考 《门式刚架轻型房屋钢结构技术规范》GB 51022—2015 第 9.1.3、9.1.10 条。

6.22 如何让门式刚架的围护墙板自承重?

答:根据《门式刚架轻型房屋钢结构技术规范》GB 51022—2015 第 9.4.2 条,当墙板底部端头自承重且墙梁与墙板间有可靠连接时,可不考虑墙面自重引起的弯矩和剪力。

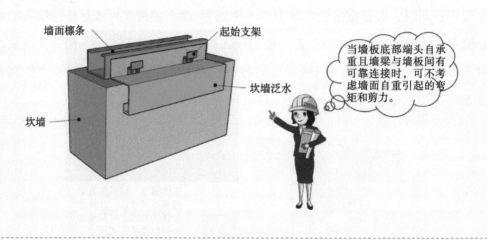

参考 《门式刚架轻型房屋钢结构技术规范》GB 51022—2015 第 9.4.2 条。

6.23　如何确保钢结构中砌体围护墙的稳定性？

答：应根据《砌体结构设计规范》GB 50003—2011 中第 6.1 节验算自承重墙的允许高厚比，从而保证砌体自承重墙的稳定性。

验算过程中应注意以下几点：

（1）保证砌体自承重墙的横向支撑，自承重墙应通过钢筋与钢柱固定。

（2）应通过《砌体结构设计规范》第 6.1.2 条第 3 款，验算壁柱间墙或构造柱间墙的局部稳定性。同时应注意，第 6.1.2 条的第 1 款是"验算带壁柱墙的高厚比"；第 2 款是"验算带构造柱墙的高厚比"；第 3 款是"验算壁柱间墙或构造柱间墙的高厚比"。前两点涉及墙的整体稳定性，第 3 点谈的是墙的局部稳定性。不应在整体稳定不满足规范要求的情况下讨论墙的局部稳定性，更不能因为仅仅是局部稳定满足规范要求就误认为整体墙的稳定性自动满足要求。

（3）应注意验算中墙计算高度 H_0 的取值，自承重墙的计算高度应根据周边支撑或拉结条件确定。当自承重墙没有横向支撑，且上端为自由端时，$H_0=2H$，H 为自承重墙的高度。当自承重墙没有横向支撑，砌至楼盖或屋顶时，$H_0=H$。自承重墙两侧与主体结构柱或横隔墙联系，同时自承重墙上端不是自由端。

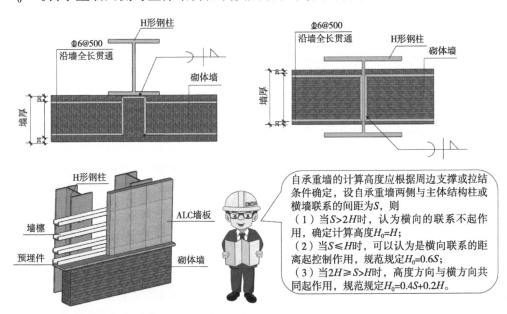

自承重墙的计算高度应根据周边支撑或拉结条件确定，设自承重墙两侧与主体结构柱或横墙联系的间距为 S，则

（1）当 $S>2H$ 时，认为横向的联系不起作用，确定计算高度 $H_0=H$；

（2）当 $S \leqslant H$ 时，可以认为是横向联系的距离起控制作用，规范规定 $H_0=0.6S$；

（3）当 $2H \geqslant S>H$ 时，高度方向与横方向共同起作用，规范规定 $H_0=0.4S+0.2H$。

参考　《砌体结构设计规范》GB 50003—2011 第 6.1.1、5.1.3 条。

第7章

其他

7.1 型钢混凝土梁的箍筋和栓钉应如何设置？

答：型钢混凝土组合结构是把型钢埋入钢筋混凝土中的一种构件形式，和传统的钢筋混凝土结构相比，具有承载力大、刚度大、抗震性能好的优点。型钢混凝土梁需要设置栓钉，栓钉属于一种高强度刚度连接的紧固件，起到刚性组合连接作用。型钢混凝土梁截面示意图如下。

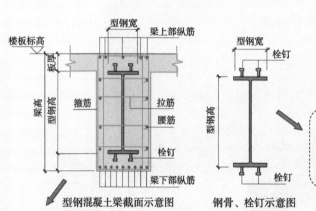

型钢混凝土箍筋、栓钉的设置应满足以下要求。

型钢混凝土梁截面示意图　　　钢骨、栓钉示意图

栓钉的计算详见《组合结构设计规范》JGJ 138—2016第4.4.5条，在需要设置栓钉的部位，可按弹性方法计算型钢翼缘外表面处的剪应力，相应于该剪应力的剪力由栓钉承担；栓钉承载力应按《钢结构设计标准》GB50017—2017的规定计算。

型钢混凝土梁的箍筋设置详见《组合结构设计规范》JGJ 138—2016第5.5.5条：考虑地震作用组合的型钢混凝土框架梁，梁端应设置箍筋加密区，其加密区长度、加密区箍筋最大间距和箍筋最小直径应符合表5.5.5的要求。非加密区的箍筋间距不宜大于加密区箍筋间距的2倍。

规范表 5.5.5　抗震设计型钢混凝土梁箍筋加密区的构造要求

抗震等级	箍筋加密区长度	加密区箍筋最大间距（mm）	箍筋最小直径（mm）
一级	$2h$	100	12
二级	$1.5h$	100	10
三级	$1.5h$	150	10
四级	$1.5h$	150	8

注：1. h 为梁高；
　　2. 当梁跨度小于梁截面高度4倍时，梁全跨应按箍筋加密区配置；
　　3. 一级抗震等级框架梁箍筋直径大于12mm、二级抗震等级框架梁箍筋直径大于10mm，箍筋数量不少于4肢且肢距不大于150mm时，箍筋加密区最大间距应允许适当放宽，但不得大于150mm。

型钢混凝土梁的栓钉直径规格宜选用 19mm 和 22mm，长度不应小于4倍栓钉直径，间距不宜大于 200mm 也不宜小于 7.5 倍栓钉直径，且栓钉至型钢钢板边缘距离不宜小于 50mm。

参考　《组合结构设计规范》JGJ 138—2016 第 5.5.5 条。

7.2　如何设计钢筋桁架楼承板?

答：钢筋桁架楼承板又称钢筋桁架模板，是将楼板中主要受力钢筋在工厂内采用专业设备加工成钢筋桁架，再将钢筋桁架与镀锌钢板焊接成一体形成组合钢结构体系。在钢结构楼板施工阶段，该体系通过镀锌钢板代替施工模板，并与结构中的钢筋进行焊接形成桁架结构，共同承担楼板混凝土自重及施工荷载。混凝土浇筑完成后，形成钢筋桁架混凝土楼板。设计阶段可按常规楼板计算，后由厂家根据图纸进行深化设计。

钢筋桁架混凝土楼板主要设计内容与计算方法可参见《钢筋桁架楼承板设计手册》，设计内容详见第 5.1.1~5.13 条，在混凝土从浇筑到达到设计强度过程中，楼板受力明显不同，所以应进行使用及施工两阶段计算；使用阶段计算包括楼板的正截面承载力计算、楼板下部钢筋应力控制验算、支座裂缝控制验算以及挠度计算；施工阶段计算包括上下弦杆强度验算、受压弦杆和腹杆稳定性验算以及桁架挠度验算。计算方法主要见第 5.2.1 条，钢筋桁架混凝土楼板根据具体工程情况可设计为单向板，也可设计为双向板。在确定设计为单向板还是双向板时，不必遵守楼板长边与短边长度的比例关系原则，即当长边与短边长度之比小于等于 2.0 时，也可按单向板设计，但沿长边方向应布置足够数量的构造钢筋。

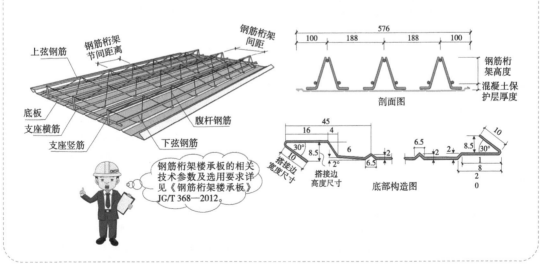

参考　《钢筋桁架楼承板设计手册》第 5.1 和 5.2 节。

7.3 在混凝土结构屋顶加建钢结构应如何设计？

答：应首选在原混凝土结构柱位置设置钢柱，柱脚采用铰接节点，并对原设计基础和主体进行复核，必要时可对原基础、原主体结构进行加固。当加建钢结构柱不能与原结构柱对应时，可考虑将新加钢柱落在原混凝土框架梁之上，并对原框架梁进行加固。加建钢结构时应建立整体计算模型，下部混凝土结构部分可指定阻尼比为 0.05，上部钢结构部分可指定阻尼比为 0.02。

有些省市认为此种体系超限，设计时可提前与审查单位沟通，首先判断方案的可实施性，然后再采取相应技术措施实施。

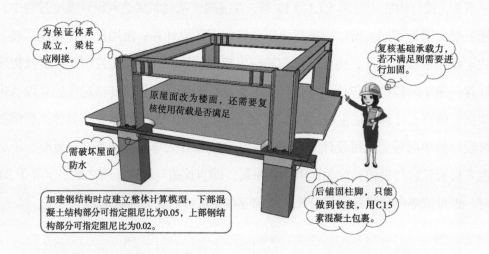

为保证体系成立，梁柱应刚接。

复核基础承载力，若不满足则需要进行加固。

原屋面改为楼面，还需要复核使用荷载是否满足

需破坏屋面防水

加建钢结构时应建立整体计算模型，下部混凝土结构部分可指定阻尼比为0.05，上部钢结构部分可指定阻尼比为0.02。

后锚固柱脚，只能做到铰接，用C15素混凝土包裹。

7.4 如何选择钢结构厂房钢柱的粘钢加固方案?

答:当钢结构厂房钢柱不满足风荷载、地震荷载以及吊车荷载等水平荷载时,应考虑对厂房钢柱进行加固处理。加固应在卸载的状态下进行。

(1)当强度不足时,可采用加厚柱翼缘方式,用钢板采用焊接或高强度螺栓与原柱翼缘连接成一个整体。

(2)当刚度不足时,可加高柱子截面,使用工字形钢或T形钢与原钢柱焊接。

(3)当柱稳定性不足时,采用增大翼缘宽度法,或者补钢板成为箱形截面等方式。

(4)当柱构造不足时,可采用补充加劲肋等方式。

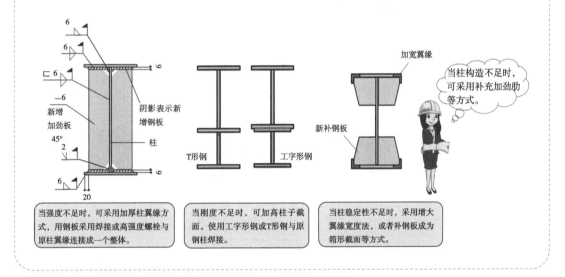

当强度不足时,可采用加厚柱翼缘方式,用钢板采用焊接或高强度螺栓与原柱翼缘连接成一个整体。

当刚度不足时,可加高柱子截面。使用工字形钢或T形钢与原钢柱焊接。

当柱稳定性不足时,采用增大翼缘宽度法,或者补钢板成为箱形截面等方式。

7.5 钢框架、门式刚架增加荷载后应如何加固?

答:当钢框架、门式刚架增加楼面、屋面荷载时,可采用下图所示方法进行加固。

需要对轻钢屋面的檩条进行加固时,可增加拉条数量来减小檩条平面外计算长度,以满足稳定性要求;还可增加檩条根数、减小檩条间距等来减小单根檩条的受力。在门式刚架增加吊车荷载或风荷载等水平荷载时,可考虑加设屋面刚性系杆,在柱间加设辅助支撑杆件等,以达到减小受压杆件的计算长度、增加水平承载力的效果。

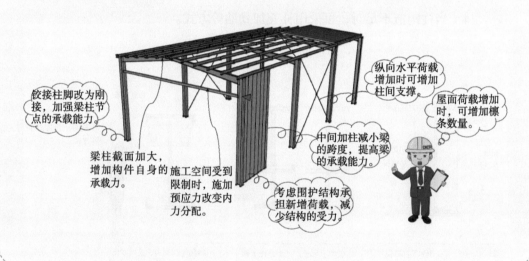

铰接柱脚改为刚接,加强梁柱节点的承载能力。

梁柱截面加大,增加构件自身的承载力。

施工空间受到限制时,施加预应力改变内力分配。

考虑围护结构承担新增荷载,减少结构的受力。

中间加柱减小梁的跨度,提高梁的承载能力。

纵向水平荷载增加时可增加柱间支撑。

屋面荷载增加时,可增加檩条数量。

7.6　现有钢结构增加设备管线荷载后如何加固?

答: 当钢结构增加设备管线, 且管线荷载较大, 原设计不能满足要求时, 需要对涉及的钢梁进行局部加固, 加固方法可采用补强钢梁截面法, 如加厚翼缘钢板 (下图 a), 焊接 T 形钢增大截面 (下图 e) 等。

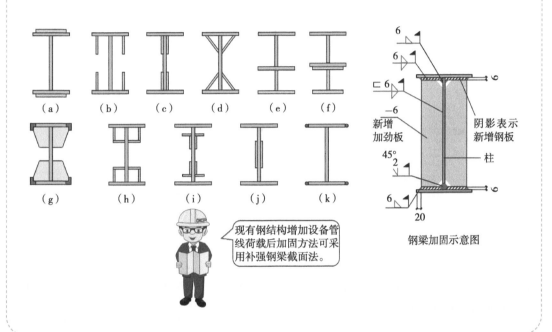

（a）　（b）　（c）　（d）　（e）　（f）

（g）　（h）　（i）　（j）　（k）

现有钢结构增加设备管线荷载后加固方法可采用补强钢梁截面法。

钢梁加固示意图

7.1 如何进行化学锚栓的受剪承载力计算?

答:化学锚栓是继膨胀锚栓之后出现的一种新型锚栓,是通过特制的化学粘结剂,将螺杆胶结固定于混凝土基材钻孔中,以实现对固定件锚固的复合件。化学锚栓可承受拉力、压力、剪力。

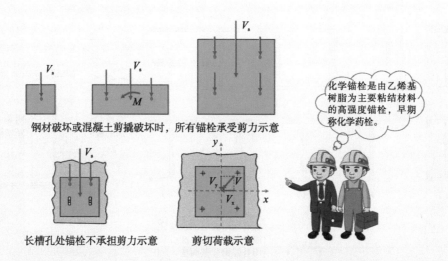

钢材破坏或混凝土剪撬破坏时,所有锚栓承受剪力示意

长槽孔处锚栓不承担剪力示意   剪切荷载示意

化学锚栓是由乙烯基树脂为主要粘结材料的高强度锚栓,早期称化学药栓。

化学锚栓受剪承载力计算规定参见《混凝土结构后锚固技术规程》JGJ 145—2013 第 6.2.16 条:

单一锚栓:

$$V_{sd} \leqslant V_{Rd,s}$$

$$V_{sd} \leqslant V_{Rd,c}$$

$$V_{sd} \leqslant V_{Rd,cp}$$

群锚:

$$V_{sd}^{h} \leqslant V_{Rd,s}$$

$$V_{sd}^{g} \leqslant V_{Rd,c}$$

$$V_{sd}^{g} \leqslant V_{Rd,cp}$$

式中：V_{sd}——单一锚栓剪力设计值（N）；

　　　V_{sd}^h——群锚中剪力最大锚栓的剪力设计值（N）；

　　　V_{sd}^g——群锚总剪力设计值（N）；

　　　$V_{Rd,s}$——锚栓钢材破坏受剪承载力设计值（N）；

　　　$V_{Rd,c}$——混凝土边缘破坏受剪承载力设计值（N）；

　　　$V_{Rd,cp}$——混凝土剪撬破坏受剪承载力设计值（N）。

在计算化学锚栓受剪承载力时，锚栓距离混凝土边缘的距离应满足构造要求，具体详见《混凝土结构后锚固技术规程》JGJ 145—2013 第 7.1.2 条；群锚锚栓最小间距 s 和最小边距 c 应根据锚栓产品的认证报告确定；当无认证报告时，应符合规程表 7.1.2 的规定，锚栓最小边距 c 尚不应小于最大骨料粒径的 2 倍，锚栓最小间距 s 和最小边距 c 见规程表 7.1.2。

规程表 7.1.2　最小间距 s 和最小边距 c

锚栓类型	最小间距 s	最小边距 c
位移控制式膨胀锚栓	$6d_{nom}$	$10d_{nom}$
扭矩控制式膨胀锚栓	$6d_{nom}$	$8d_{nom}$
扩底型锚栓	$6d_{nom}$	$6d_{nom}$
化学锚栓	$6d_{nom}$	$6d_{nom}$

注：d_{nom} 为锚栓外径。

参考　《混凝土结构后锚固技术规程》JGJ 145—2013 第 6.2.16、7.1.2 条。

7.8 如何把铰接柱脚加固为刚接柱脚？

答：当铰接柱脚不能满足位移、刚度要求时，可考虑把铰接柱脚改为刚接柱脚，方法可采用加大柱脚底板，底板与原底板、钢柱进行焊接，增设附加锚栓，增加竖向加劲肋等方式。还可将原铰接柱脚改造成外包式柱脚，在柱脚四周植筋锚入基础，绑扎箍筋后浇筑混凝土。

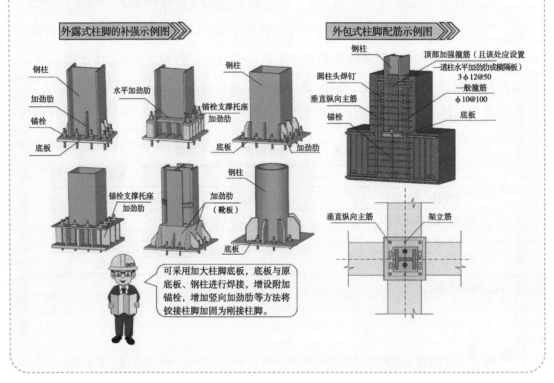

外露式柱脚的补强示例图

钢柱
加劲肋
锚栓
底板

水平加劲肋
钢柱
锚栓支撑托座
加劲肋
底板

钢柱
加劲肋
底板

锚栓支撑托座
加劲肋

钢柱
加劲肋
（靴板）
底板

可采用加大柱脚底板，底板与原底板、钢柱进行焊接，增设附加锚栓，增加竖向加劲肋等方法将铰接柱脚加固为刚接柱脚。

外包式柱脚配筋示例图

钢柱
圆柱头焊钉
垂直纵向主筋
锚栓

顶部加强箍筋（且该处应设置一道柱水平加劲肋或横隔板）
3ϕ12@50
一般箍筋
ϕ10@100
底板

垂直纵向主筋
架立筋

7.9 网架橡胶支座是否要验算转角脱空?

答：通常情况支座都是按只传递竖向力和水平力设计，底板处不承担弯矩。因此，底板不存在不均匀受力，也就没有受力脱空问题。由于通常的平板橡胶支座还要考虑适应一定的转角，尤其是对于大中跨度的网架结构，以保证和铰接支座的假定相符合，这个转角值可从整体计算模型中查到，也可以根据构件竖向变形换算出来。

关于橡胶支座的验算和构造可参考《空间网格结构技术规程》JGJ 7—2010 附录 K 进行。

参考 《空间网格结构技术规程》JGJ7—2010 附录 K。

7.10 网架怎样和下部主体结构整体计算分析?

答：传统的设计方式是采用专业软件进行网架的独立计算分析，下部结构也独立分析。网架独立分析时应考虑合适的支座假定，支座假定必须考虑下部支撑结构的刚度影响，否则计算出的结果是不合理的，有时候甚至是完全错误的。下部结构分析时用等代刚度的交叉钢梁结构模拟网架并考虑荷载。

现在很多软件都可以进行网架和下部结构的整体分析，可以将网架模型导入下部整体模型进行总装分析。目前 YJK 软件可以导入部分专业网架软件的模型，并和下部结构整体组装分析。YJK 软件本身也带有网架分析模块，整体分析更简单。

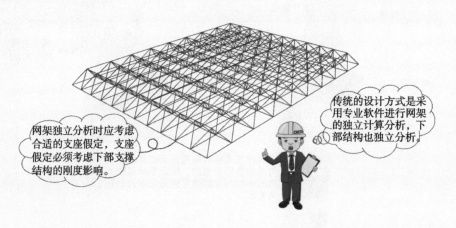

网架独立分析时应考虑合适的支座假定，支座假定必须考虑下部支撑结构的刚度影响。

传统的设计方式是采用专业软件进行网架的独立计算分析，下部结构也独立分析。

7.11 超长网架结构如何考虑温度作用?

答:网架结构一般都需要考虑温度作用,超长更应考虑。常用的网架分析软件如 MST2016、3D3S 等都可以考虑温度作用,可依据规范规定考虑施工过程和使用过程中可能出现的最大、最小温差。温差通常采用结构合龙时温度和基本气温最高和最低值的差值,一般有升温和降温两个工况,并将温度工况和其他工况进行组合,进行结构分析设计。边界条件对温度应力影响较大,应按实际情况去考虑,必要时和下部结构整体分析,并考虑温度作用的折减。支座的边界条件需考虑两方面因素,一是支座本身,是滑动铰、固定铰,还是弹性支座;二是下部支承结构的刚度影响,因为支座总是和下部结构连接的。当考虑滑动铰时,自然无需考虑下部结构的水平刚度,但绝对的滑动是不存在的,支座必须能承担最小摩擦系数条件下的水平反力。当采用固定铰或弹性支座时,必须整体考虑下部支承结构的刚度,可以将支座刚度和下部结构刚度串联计算出等效刚度。为减小温度作用的影响,应采用滑动支座或弹性支座,弹性支座的刚度可通过试算确定,以满足条件为止。网架设计必须考虑施工过程中的支撑条件并提出要求,支座设计必须和计算模型假定一致,并考虑施工过程和实际应用中的最不利工况。

7.12 如何设计网架支座的预埋件?

答:网架支座基本都是铰接支座(固定铰或滑动铰)或弹性支座,只传递竖向力和水平力,预埋件设计和支座受力相关,因此只考虑竖向力和水平力的传递即可。支座预埋件设计依据《混凝土结构设计规范》GB 50010—2010(2015年版)中预埋件的规定即可,和普通预埋件设计并无区别。支座反力依据网架分析结果得到,注意这个反力应是考虑实际支座刚度计算得到的,并考虑最不利情况。预埋件除考虑受力因素外,还要考虑支座的构造要求,如平面定位、标高、平面尺寸要求等。预埋件设计要满足支座底部尺寸要求,每边至少比支座尺寸大50mm,如预埋件上要固定限位装置,应预留出空间。网架支座预埋件通常有两种,一种是不带固定支座螺栓的,一种是带固定支座螺栓的。

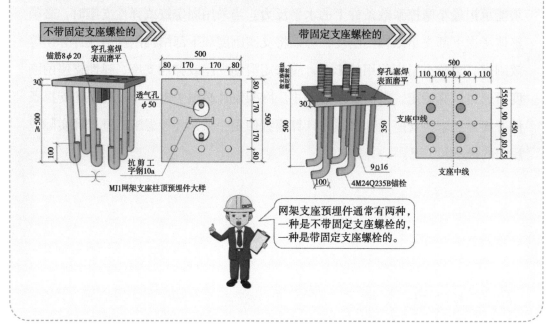

网架支座预埋件通常有两种,一种是不带固定支座螺栓的,一种是带固定支座螺栓的。

7.13 网架支座的锚栓如何计算？

答：网架支座锚栓通常按不受力设计，一般小跨度取 M24，中大跨度取 M30 以上，具体可见《空间网格结构技术规程》JGJ 7—2010 第 5.9.9 条第 6 款和《钢结构连接节点设计手册》（李星荣，魏才昂等编著）中的支座设计部分。当支座需要承担水平力时，可在预埋件上焊接抗剪键实现（不是预埋件抗剪件），抗剪件可依据需承担的水平力计算，预埋件设计也要考虑实际支座反力的要求。

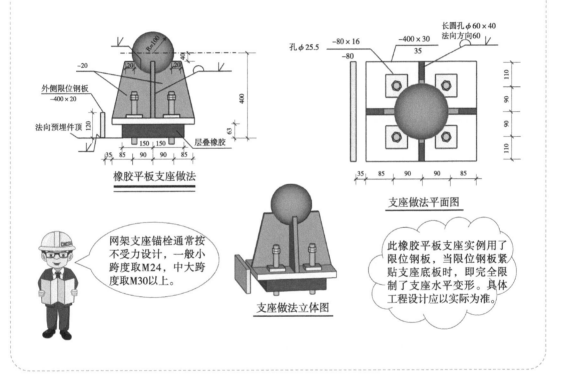

橡胶平板支座做法

支座做法平面图

支座做法立体图

网架支座锚栓通常按不受力设计，一般小跨度取M24，中大跨度取M30以上。

此橡胶平板支座实例用了限位钢板，当限位钢板紧贴支座底板时，即完全限制了支座水平变形。具体工程设计应以实际为准。

 参考 《空间网格结构技术规程》JGJ 7—2010 第 5.9.9 条第 6 款。